Inhaltsverzeichnis

Zahlen zerlegen

1 Wie wurde zerlegt?
Schreibe die Rechnungen auf.

a) 

10 = 5 + ___

b) 

10 = 1 + ___

c) 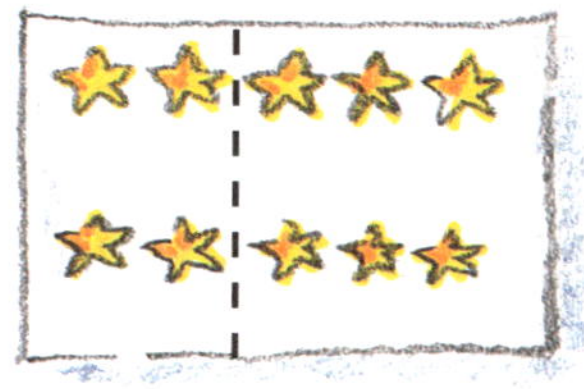

10 = ___ + ___

d) 

10 = ___ + ___

e) 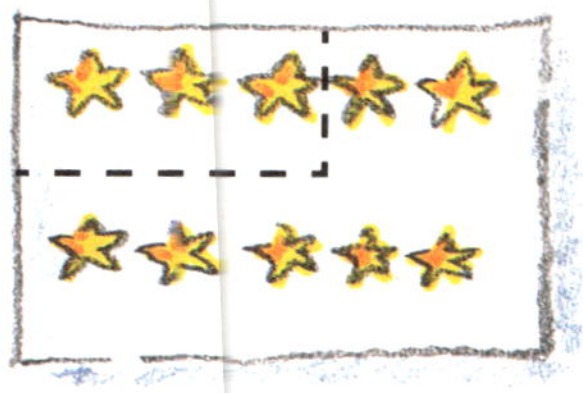

10 = ___ + ___

f) 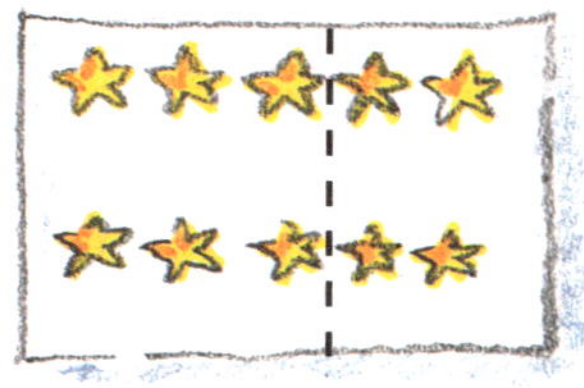

10 = ___ + ___

2 Immer 20. Wie wurde hier zerlegt?
Schreibe die Rechnungen auf.

a) 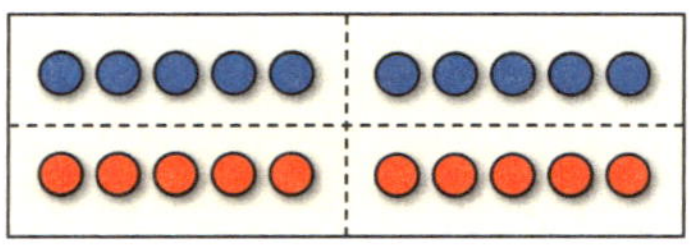

20 = 10 + ___

b) 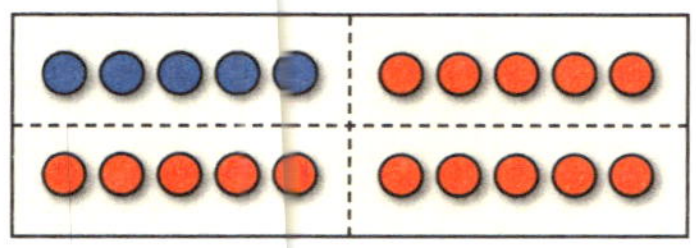

20 = 5 + ___

c) 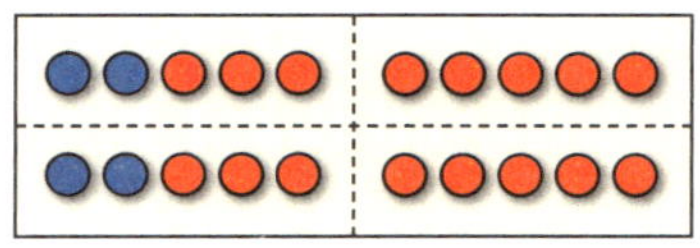

20 = 4 + ___

d) 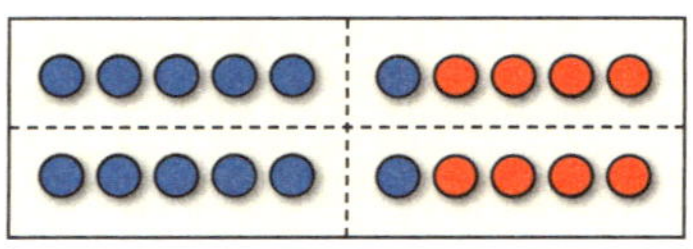

20 = ___ + ___

e) 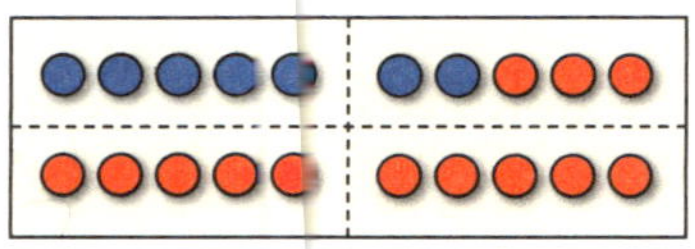

20 = ___ + ___

f) 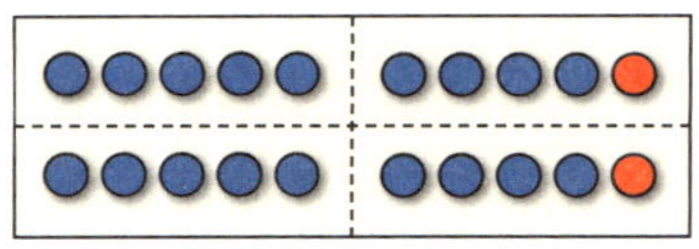

20 = ___ + ___

3 Ergänze.

13	17	19	★ 20
4 + ___	8 + ___	11 + ___	5 + 5 + ___
___ + 7	___ + 7	6 + ___	___ + 6 + 7
10 + ___	3 + ___	___ + 4	3 + ___ + 11
___ + 11	___ + 0	2 + ___	8 + ___ + 8
___ + 5	6 + ___	___ + 9	___ + 6 + 9

Gerade und ungerade Zahlen

①

0	1	2	3	4	5	6	7	8	9	10	11	12	13	14	15	16	17	18	19	20

a) Färbe alle geraden Zahlen blau.
b) Zerlege die geraden Zahlen in 2 gleiche Teile.

2 = 1 + 1   4 = 2 + __   6 = __ + __   8 = __ + __

10 = __ + __   12 = __ + __   ______   ______

______   ______

② Rechne. Färbe gerade Zahlen blau, ungerade Zahlen rot.
Färbe auch das Ergebnis.

a)	b)	c)	d)
18 – 6 = ___	19 – 5 = ___	15 – 4 = ___	18 – 9 = ___
16 – 4 = ___	17 – 7 = ___	15 – 6 = ___	18 – 7 = ___
12 – 5 = ___	15 – 5 = ___	15 – 8 = ___	18 – 5 = ___
10 – 3 = ___	11 – 3 = ___	15 – 10 = ___	18 – 3 = ___

Finde die Regeln für die Zahlen:

gerade ⊖ gerade = ______

ungerade ⊖ ungerade = ______

gerade ⊖ ungerade = ______

ungerade ⊖ gerade = ______

③ Richtig oder falsch? Streiche durch und verbessere.

gerade ⊖ gerade	ungerade ⊖ ungerade	ungerade ⊖ gerade
a) 12 – 6 = 6 ✓	b) 17 – 9 = 8 ___	c) 13 – 6 = 7 ___
14 – 4 = ~~9~~ 10	15 – 9 = 5 ___	11 – 4 = 6 ___
18 – 10 = 8 ___	19 – 13 = 6 ___	15 – 6 = 9 ___
20 – 12 = 7 ___	13 – 5 = 7 ___	17 – 8 = 9 ___
16 – 14 = 3 ___	11 – 9 = 2 ___	13 – 4 = 8 ___
10 – 6 = 4 ___	19 – 11 = 9 ___	19 – 10 = 10 ___

① Rechenwege

a) Verdoppeln / Nachbaraufgaben

8 + 7 = ____   6 + 5 = ____   6 + 7 = ____   8 + 9 = ____

8 + 8 = ____

b) Tauschaufgabe

3 + 8 = ____   4 + 7 = ____   5 + 8 = ____   3 + 9 = ____

8 + 3 = ____

c) Nahe an der 10

4 + 9 = ____   5 + 8 = ____   3 + 8 = ____   4 + 9 = ____

4 + 10 − 1 = ____

d) Zwischenstopp bei 10

8 + 6 = ____   7 + 5 = ____   6 + 7 = ____   5 + 8 = ____

+2 +4
8 10 14

5 + 7 = ____   7 + 8 = ____   7 + 4 = ____   8 + 4 = ____

8 + 7 = ____ (2 5)   6 + 9 = ____   5 + 9 = ____   8 + 4 = ____

7 + 6 = ____   8 + 3 = ____   6 + 8 = ____   5 + 8 = ____

☆ ② Rechne auf deinem Weg.

a)	b)	c)	d)
3 + 9 = ____	5 + 6 = ____	5 + 8 = ____	6 + 9 = ____
8 + 4 = ____	9 + 4 = ____	3 + 3 = ____	5 + 8 = ____
9 + 5 = ____	4 + 8 = ____	2 + 9 = ____	7 + 6 = ____

Rückwärts über die 10

1 Rechenwege

a) Die Hälfte

12 – 6 = ___	10 – 5 = ___	20 – 10 = ___	14 – 7 = ___
18 – 9 = ___	16 – 8 = ___	8 – 4 = ___	22 – 11 = ___

b) Nahe an der 10

14 – 9 = ___	16 – 9 = ___	13 – 9 = ___	17 – 9 = ___
14 – 10 + 1 = ___	___	___	___
15 – 9 = ___	11 – 9 = ___	18 – 9 = ___	12 – 9 = ___
___	___	___	___

c) Zwischenstopp bei 10

13 – 7 = 6	13 – 5 = ___	14 – 5 = ___	11 – 4 = ___
– 4, – 3: 6, 10, 13	___	___	___
12 – 5 = ___	15 – 8 = ___	11 – 6 = ___	16 – 7 = ___
___	___	___	___

13 – 6 = ___ (3, 3)	12 – 7 = ___ (___ ___)	15 – 7 = ___ (___ ___)	12 – 8 = ___ (___ ___)
17 – 8 = ___ (___ ___)	11 – 6 = ___ (___ ___)	15 – 6 = ___ (___ ___)	12 – 5 = ___ (___ ___)

2 Rechne auf deinem Weg.

a) 12 – 9 = ___	b) 11 – 6 = ___	c) 13 – 8 = ___	d) 18 – 9 = ___
13 – 6 = ___	17 – 9 = ___	11 – 3 = ___	11 – 8 = ___
10 – 5 = ___	12 – 8 = ___	15 – 9 = ___	12 – 6 = ___

① Rechentürme ⊕ : Suche die Aufgaben mit dem Ergebnis 10.
Rechne dann die anderen Aufgaben.

4 + 3 = ____	4 + 4 = ____	4 + 5 = ____
5 + 3 = ____	5 + 4 = ____	5 + 5 = ____
6 + 3 = ____	6 + 4 = ____	6 + 5 = ____
7 + 3 = ____	7 + 4 = ____	7 + 5 = ____
8 + 3 = ____	8 + 4 = ____	8 + 5 = ____

2 + 6 = ____	2 + 7 = ____	2 + 8 = ____
3 + 6 = ____	3 + 7 = ____	3 + 8 = ____
4 + 6 = ____	4 + 7 = ____	4 + 8 = ____
5 + 6 = ____	5 + 7 = ____	5 + 8 = ____
6 + 6 = ____	6 + 7 = ____	6 + 8 = ____

② Rechentürme ⊖ : Suche die Aufgaben mit dem Ergebnis 10.
Rechne dann die anderen Aufgaben.

12 – 4 = ____		
13 – 4 = ____	13 – 5 = ____	
14 – 4 = ____	14 – 5 = ____	14 – 6 = ____
15 – 4 = ____	15 – 5 = ____	15 – 6 = ____
16 – 4 = ____	16 – 5 = ____	16 – 6 = ____

15 – 7 = ____	15 – 8 = ____	15 – 9 = ____
16 – 7 = ____	16 – 8 = ____	16 – 9 = ____
17 – 7 = ____	17 – 8 = ____	17 – 9 = ____
18 – 7 = ____	18 – 8 = ____	18 – 9 = ____
19 – 7 = ____	19 – 8 = ____	19 – 9 = ____

③ Nachbaraufgaben: Finde die fehlenden Zahlen und Aufgaben. Rechne.

5 + 5 =	5 + 6 =	5 + 7 =
6 + 5 =	6 + 6 =	6 + =
7 + 5 =	7 + =	7 + 7 =

8 + 8 =		
	9 + 9 =	
		10 + 10 =

④ Nachbaraufgaben: Finde die fehlenden Zahlen und Aufgaben. Rechne.

14 – 7 =	14 – =	14 – =
15 – =	15 – 8 =	15 – =
16 – =	16 – =	16 – 9 =

11 – 5 =		
	12 – 6 =	
		13 – 7 =

☆ ⑤ Rechne. Finde geschickte Lösungswege.

a)	b)	c)
6 + 3 + 4 = ____	3 + 4 + 6 = ____	14 – 2 – 4 = ____
8 + 6 + 2 = ____	2 + 7 + 3 = ____	17 – 3 – 7 = ____
1 + 5 + 5 = ____	7 + 5 + 3 = ____	16 – 9 – 6 = ____
9 + 8 + 1 = ____	4 + 1 + 9 = ____	15 – 7 – 5 = ____
7 + 2 + 8 = ____	5 + 3 + 5 = ____	11 – 6 – 1 = ____

Spiele mit 2 Würfeln

① a) Elias wählt beim Spiel mit 2 Würfeln die Ergebniszahl 9.
Mit welchen Würfelergebnissen erreicht er 9? Zeichne die Würfelpunkte.

b) Clara wählt die Ergebniszahl 6.

c) Wer hat die größere Gewinnchance? Trage ein und streiche durch.

Zur Ergebniszahl ___ gibt es mehr/weniger Zerlegungen.

Deshalb hat ___ die größeren Gewinnchancen.

② Spiele mit 2 Würfeln.
Welche Sätze stimmen? Kreuze an.

Deine Tabelle hilft dir. Schau ins Buch.

a)
- ☐ Es ist unmöglich, das Ergebnis 12 zu würfeln.
- ☐ Das Ergebnis 2 ist wahrscheinlicher als das Ergebnis 6.
- ☐ Das Ergebnis 7 zu würfeln ist sicher.
- ☐ Das Ergebnis 20 zu würfeln ist unmöglich.

b)
- ☐ Das Würfelergebnis ist sicher gerade.
- ☐ Es ist möglich, ein gerades Würfelergebnis zu bekommen.
- ☐ Es ist unwahrscheinlicher, ein gerades Ergebnis zu bekommen, als 9.
- ☐ Es ist wahrscheinlicher, ein ungerades Ergebnis zu bekommen als ein zweistelliges.

★ c) Was ist wahrscheinlicher: Ein gerades Ergebnis oder das Ergebnis 8? Begründe.

Öffnungszeiten

Mo	12 – 19 Uhr
Di – So	10 – 20 Uhr

Eintrittspreise

Tageskarte

Kinder	2 €
Erwachsene	4 €

10er-Karte

Kinder	10 €
Erwachsene	20 €

(1) Kreuze richtige Aussagen an.

- ☐ Am Montag hat das Schwimmbad 8 Stunden geöffnet.
- ☐ Am Mittwoch hat das Bad länger geöffnet als am Montag.
- ☐ Am Montag kann Andi ab 11 Uhr schwimmen.
- ☐ Eine Karte für Erwachsene ist doppelt so teuer wie eine Karte für Kinder.
- ☐ Eine Zehnerkarte für Kinder ist genauso teuer wie 5 Tageskarten für Kinder.
- ☐ Eine Zehnerkarte für Erwachsene ist teurer als eine Zehnerkarte für Kinder.

(2) Finde Fragen und Antworten.

Andi ist gerade im Hallenbad angekommen. Er darf drei Stunden bleiben.

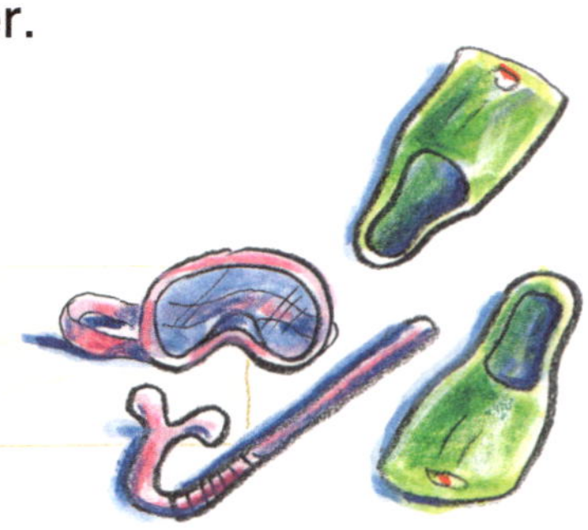

F: ______________________

A: ______________________

Franz geht nach Hause. Er war vier Stunden im Schwimmbad.

F: ______________________

A: ______________________

Monika ist vor zwei Stunden angekommen. Sie wird in drei Stunden abgeholt.

Finde mindestens 2 Fragen.

F1: ______________________

F2: ______________________

A1: ______________________

A2: ______________________

Flächen und Figuren

1 Zeichne die △, ▭, ○ und □ nach.
Wähle für jede Form eine andere Farbe.

	△	○	□	▭
Haus	1			
Burg				

2 Schneide das □, die △ △ und die ▭ ▭ unten aus.
Lege die Flächen mit den Formen aus. Trage in die Tabelle ein.

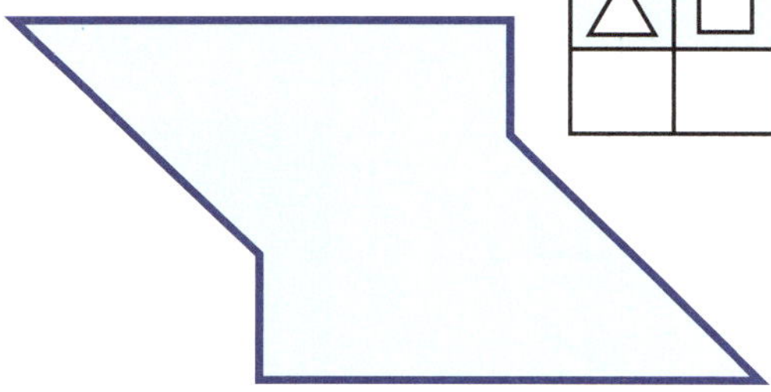

△	□	▭

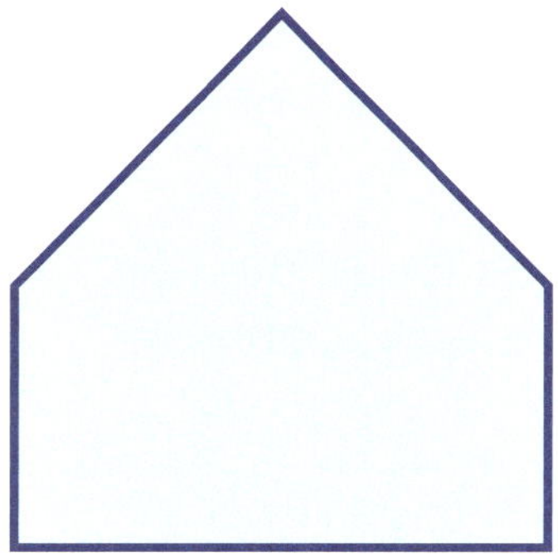

△	□	▭

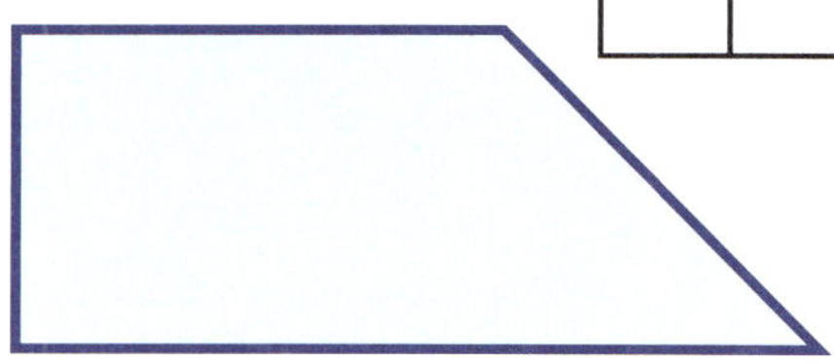

△	□	▭

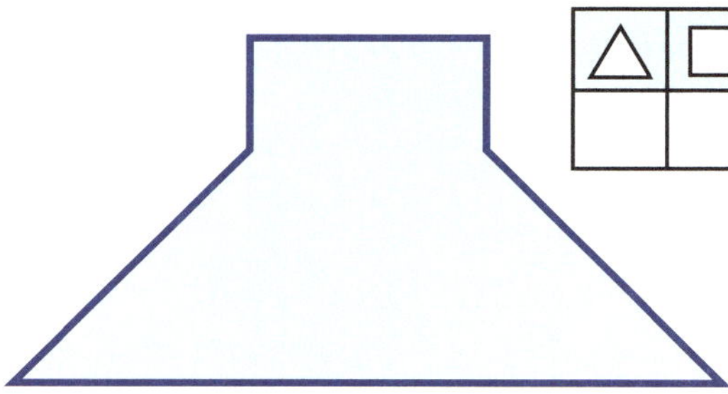

△	□	▭

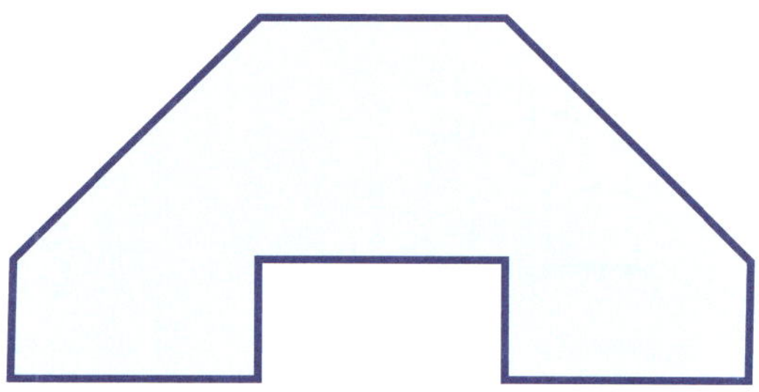

△	□	▭

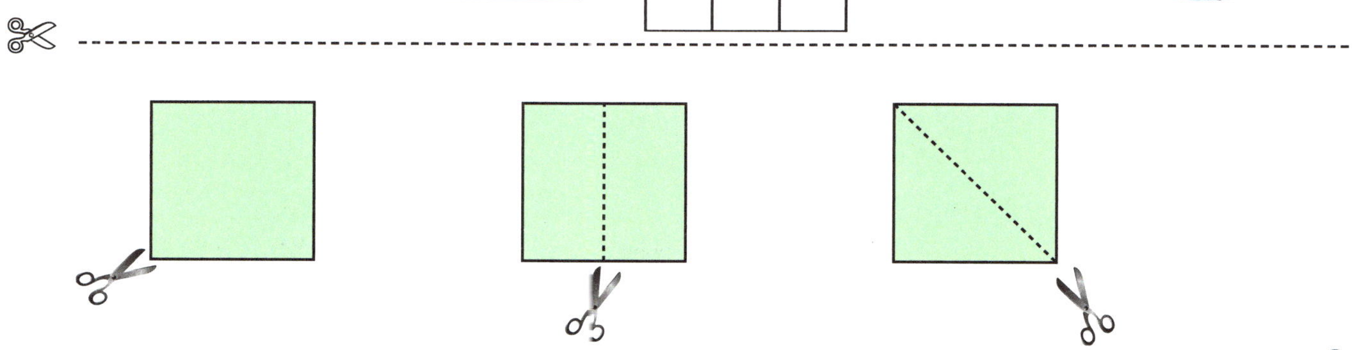

① Verbinde den Text mit dem passenden Bild.

Ein Quadrat liegt zwischen zwei Dreiecken.

Links und rechts sind Dreiecke, in der Mitte liegt ein Kreis.

In einem Dreieck liegt ein Kreis. In dem Kreis siehst du ein Quadrat.

An allen vier Seiten eines Quadrats findest du Dreiecke.

Unterhalb eines Quadrats liegt zuerst ein Rechteck, dann ein Dreieck.

In einem Quadrat siehst du einen Kreis. Rechts neben dem Quadrat ist ein Rechteck.

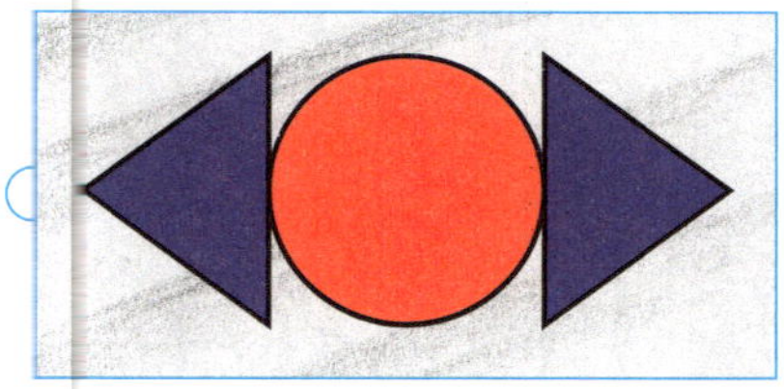

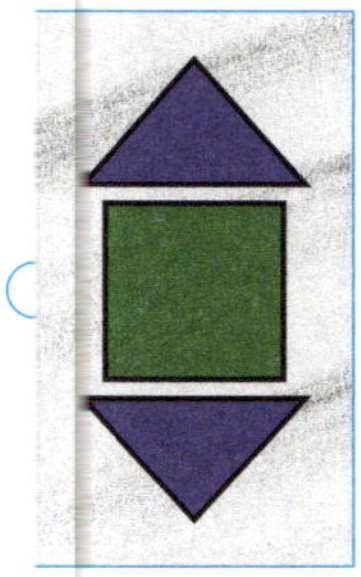

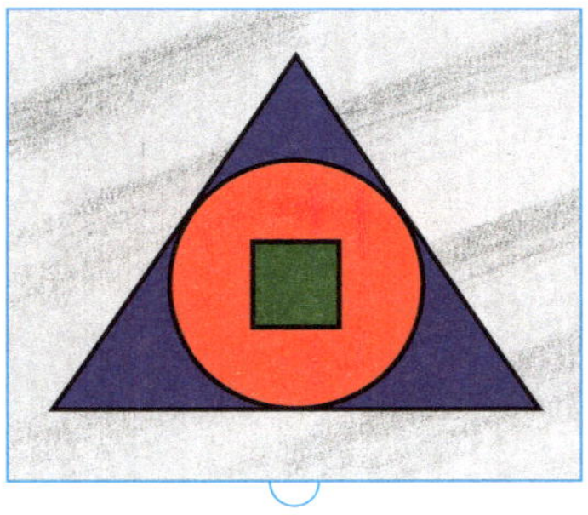

② Zeichne ein Rechteck. Zeichne dann 2 Linien so ein, dass das Rechteck in 3 Dreiecke zerteilt wird.

Spannendes am Geobrett

① Spanne einen Gummi ein. Mache aus den Rechtecken …

2 Quadrate

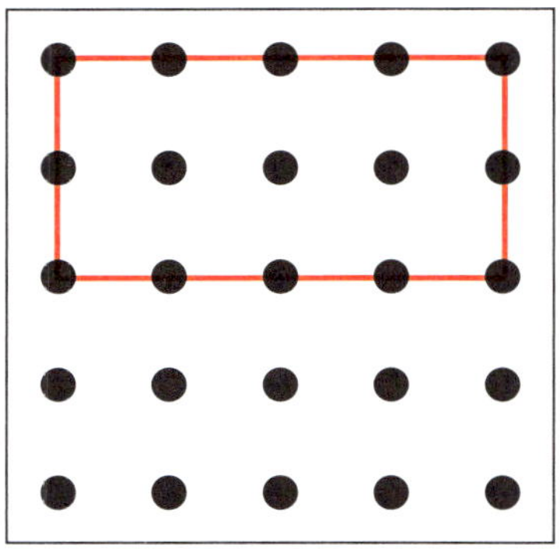

2 Dreiecke

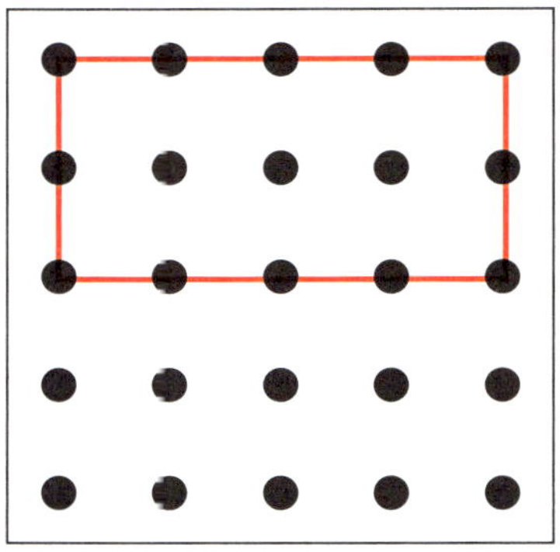

2 Rechtecke

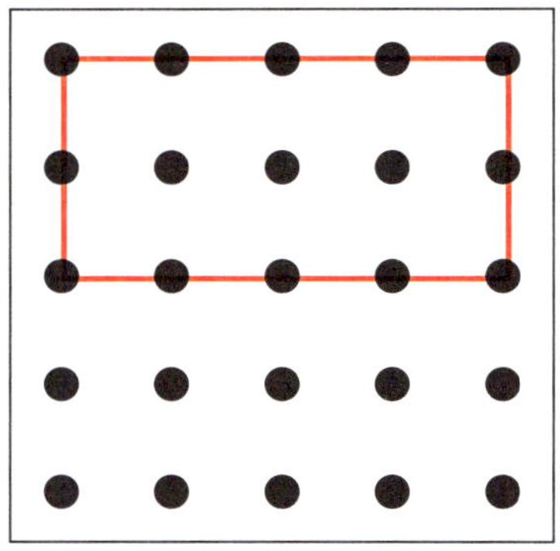

② Spanne zwei Gummis ein. Mache aus dem Quadrat …

4 Quadrate

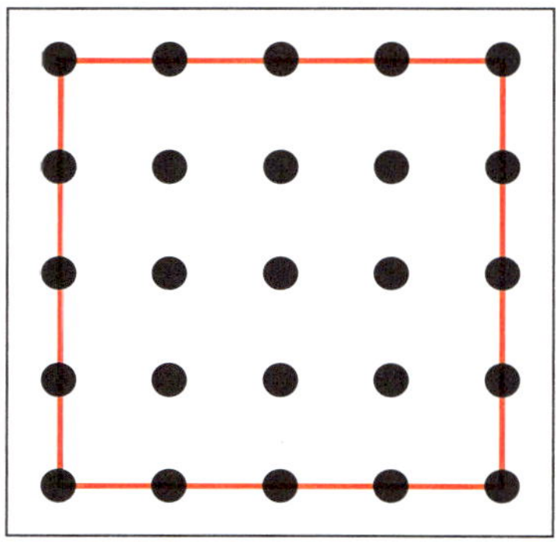

4 Dreiecke

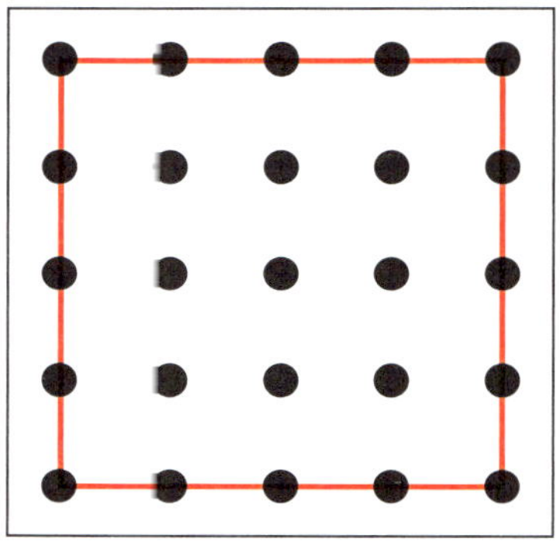

4 Rechtecke

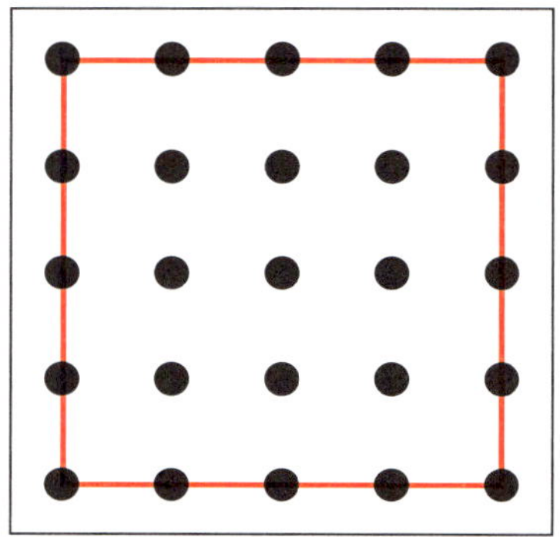

③ Spanne die Figuren nach. Miss die Größe in kleinen Quadraten □.

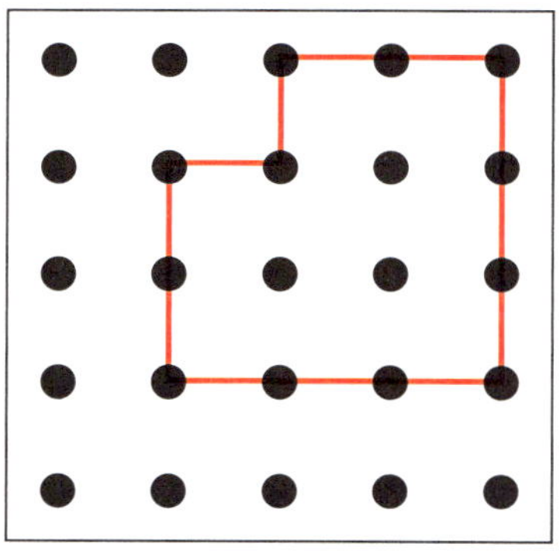

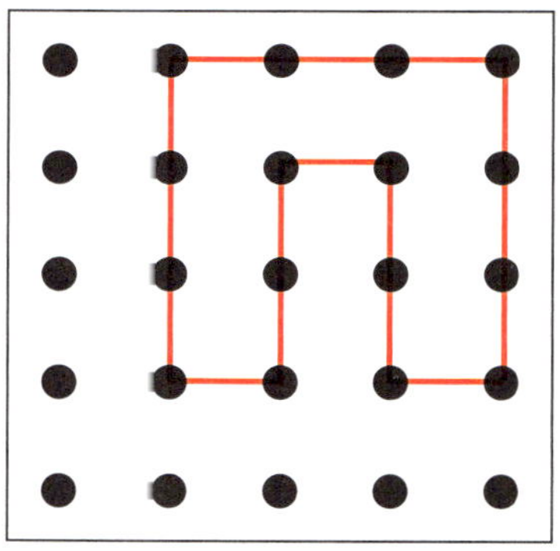

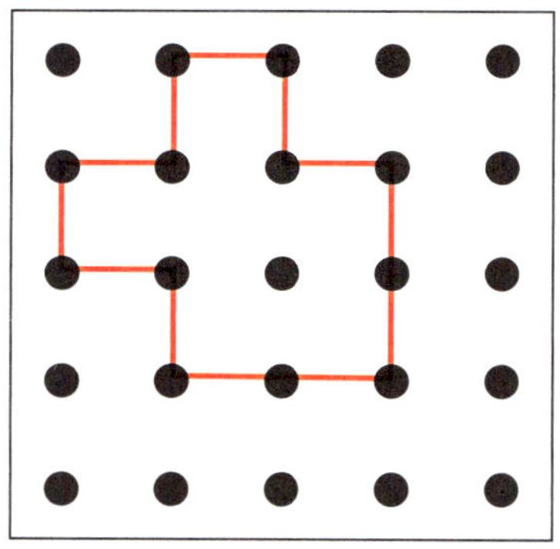

④ Überlege zuerst: Was entsteht, wenn du die Punkte verbindest? Überprüfe dann.

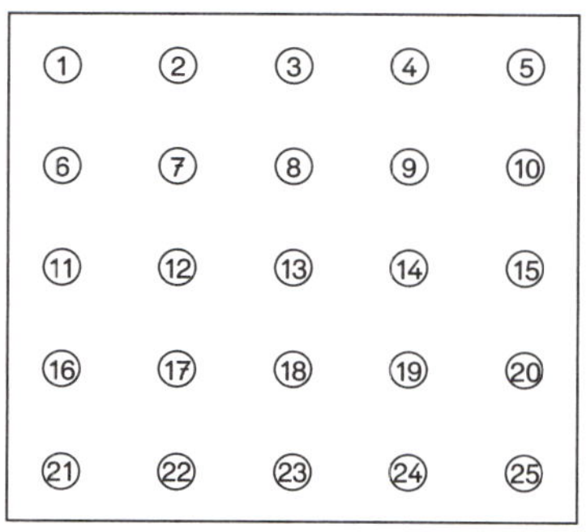

1, 16, 19, 4

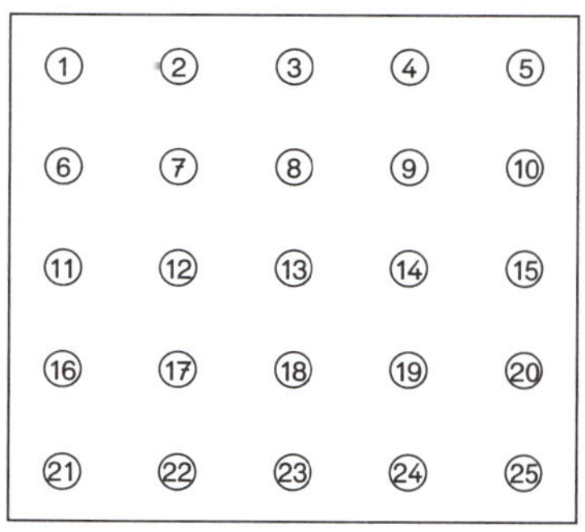

11, 3, 15, 23

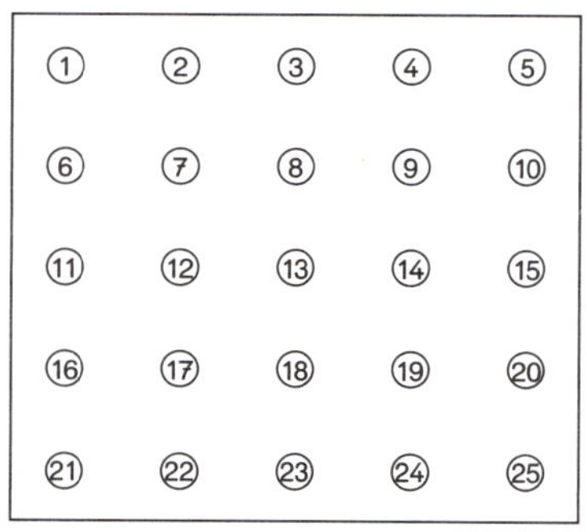

6, 2, 20, 24

1 Wie viele Zehner – wie viele Einer? Kreise ein und schreibe auf.

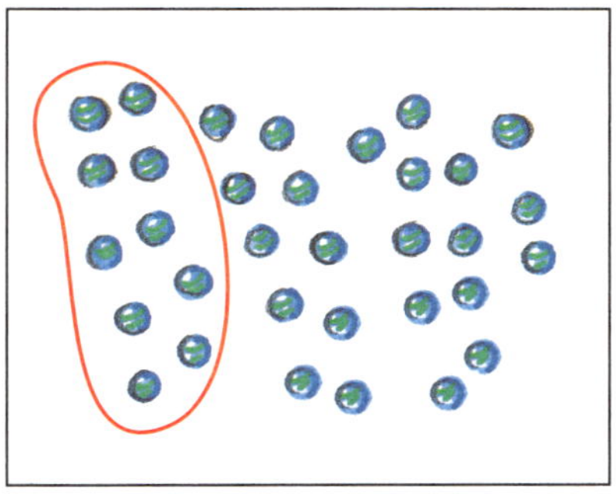

Z	E

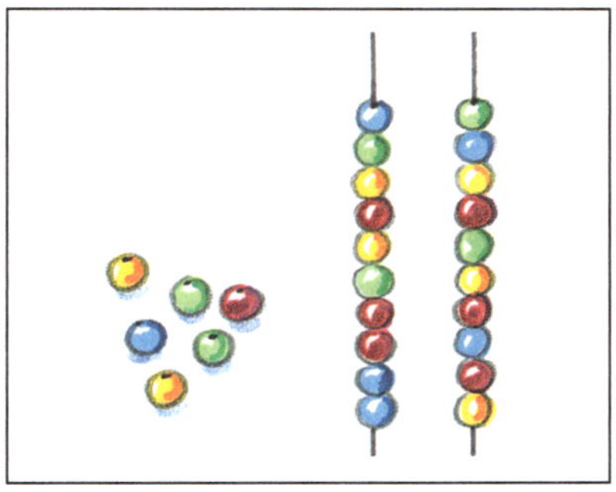

Z	E

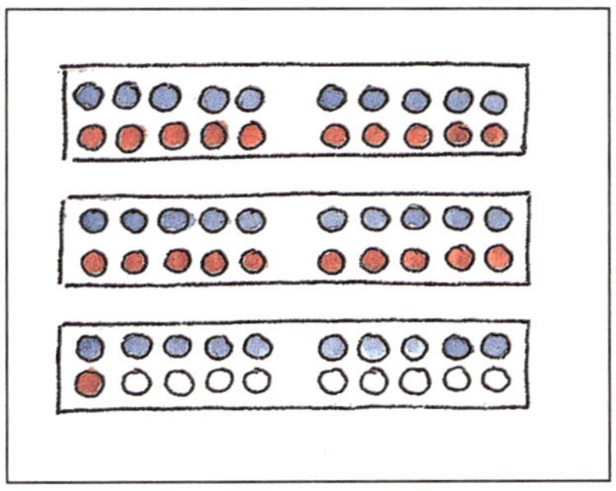

Z	E

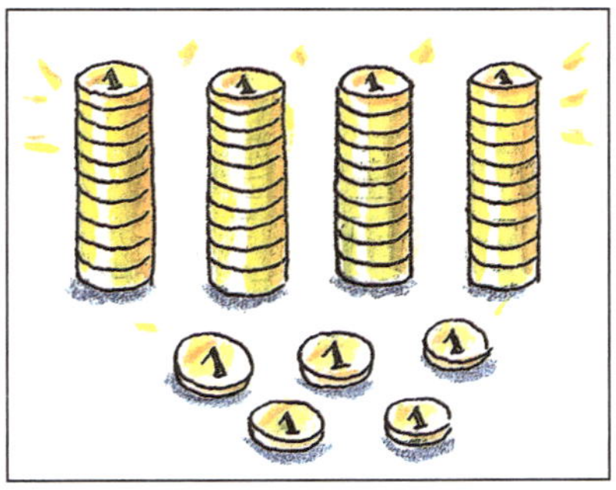

Z	E

Z	E

Z	E

2 Male an.

a)

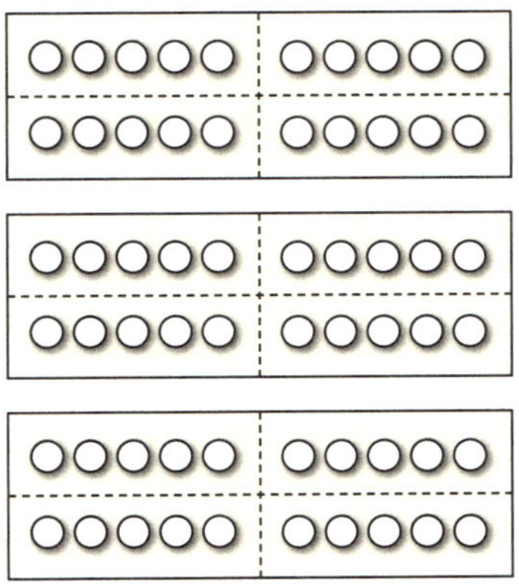

Z	E
4	3

b)

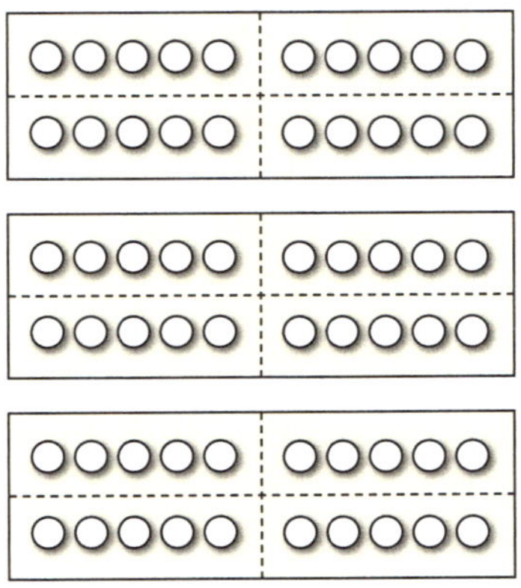

Z	E
5	6

c)

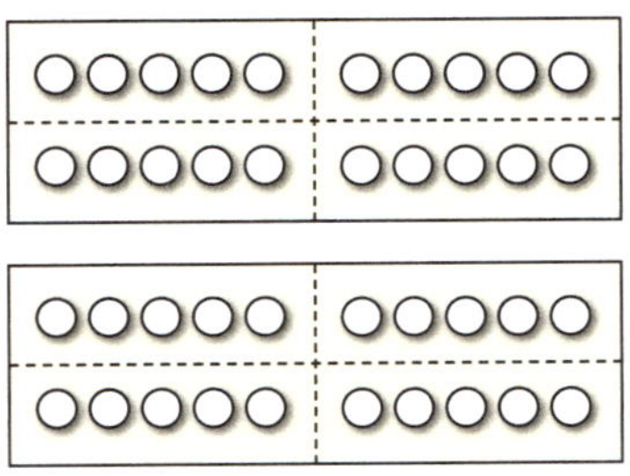

Z	E
3	7

d)

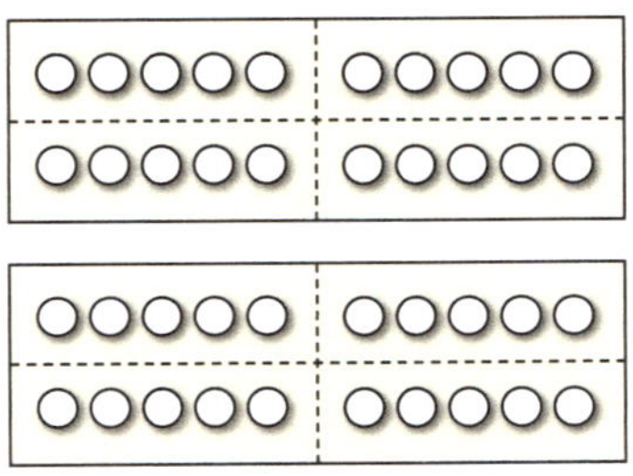

Z	E
2	9

Zehner und Einer ①

① Trage ein.

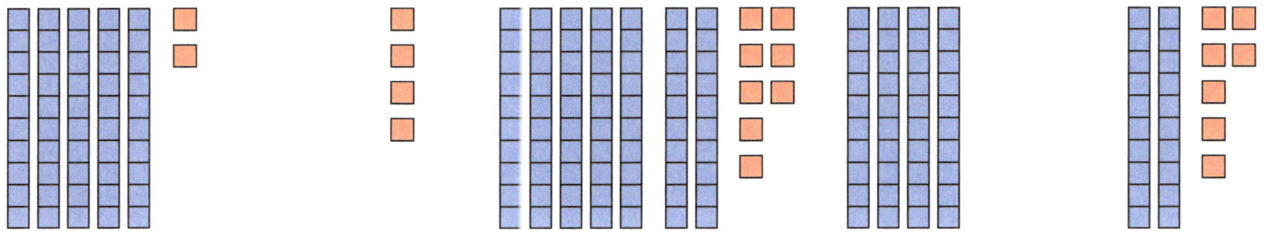

Z	E		Z	E		Z	E		Z	E		Z	E

② a) Trage ein. Lies die Zahlen.

Z	E		Z	E		Z	E		Z	E		Z	E
6	7												

b) Lies die Zahlen. Zeichne.

Z	E		Z	E		Z	E		Z	E		Z	E
3	6		9	1		5	5		6	3		1	9

c) Wie heißen diese Zahlen? Zeichne und trage ein.

3	4		7	5		1	7		4	9		2	0

Z	E		Z	E		Z	E		Z	E		Z	E

① Schreibe diese Zahlen auf.

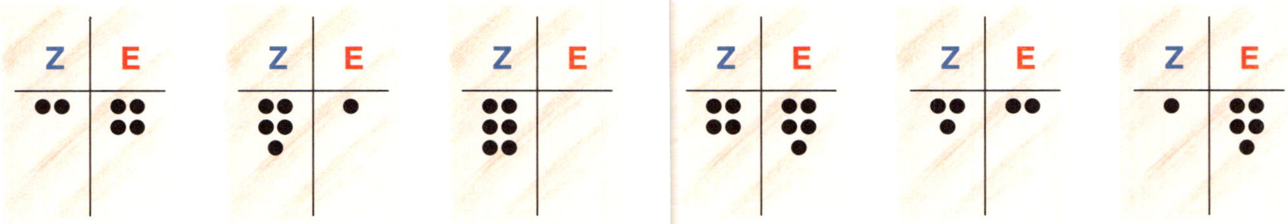

② Zeichne in die Stellenwerttafeln jeweils 1 Plättchen dazu.
Welche Zahlen entstehen? Schreibe auf.

a)

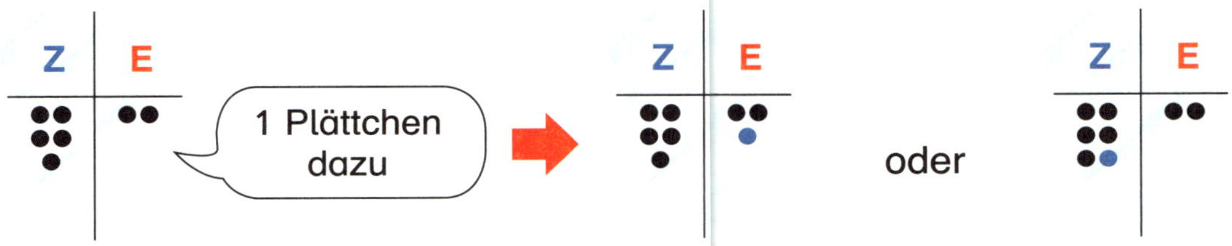

52 53

b)

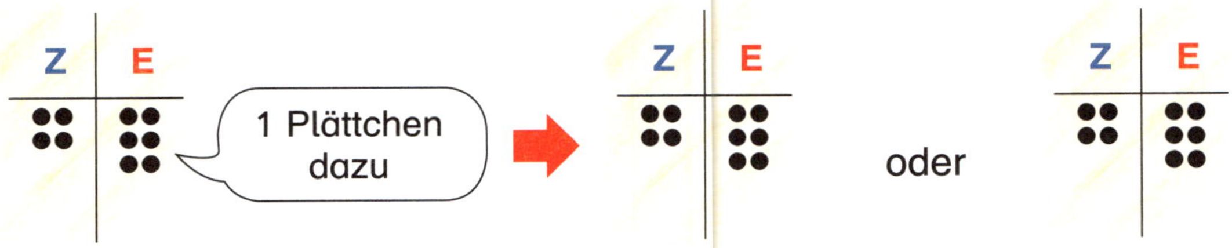

c)

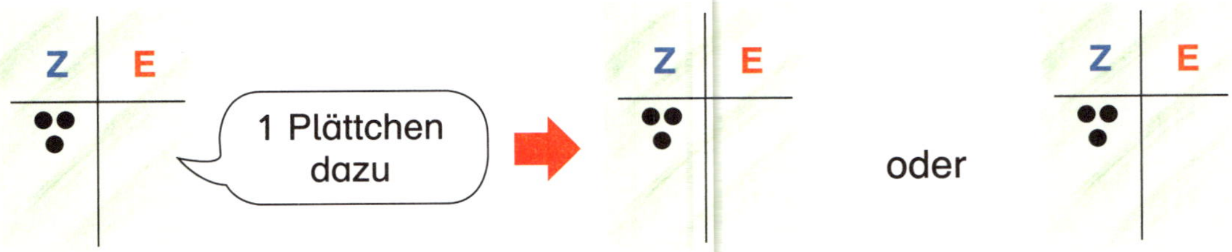

③ Du hast 5 Plättchen. Zeichne sie in die Stellenwerttafeln.
Welche Zahlen entstehen? Schreibe auf. Findest du alle Möglichkeiten?

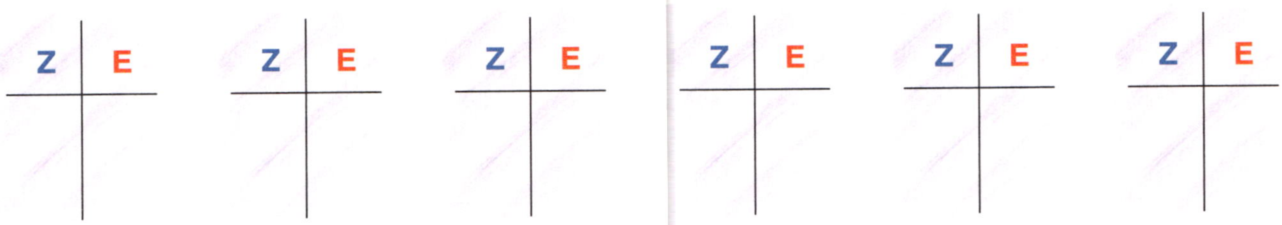

Das Hunderterfeld ①

1 Welche Rechnungen sind hier dargestellt?

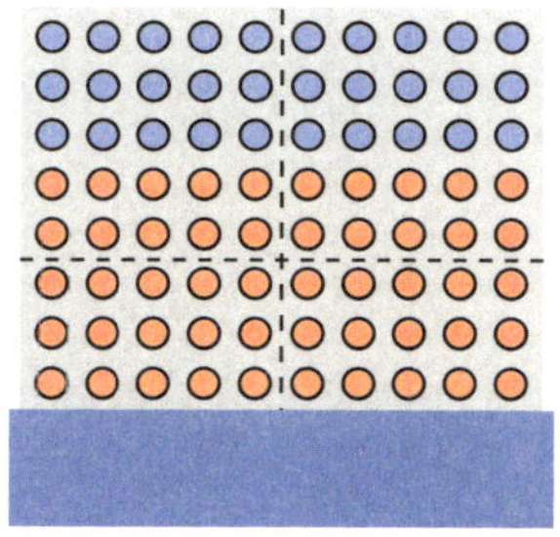

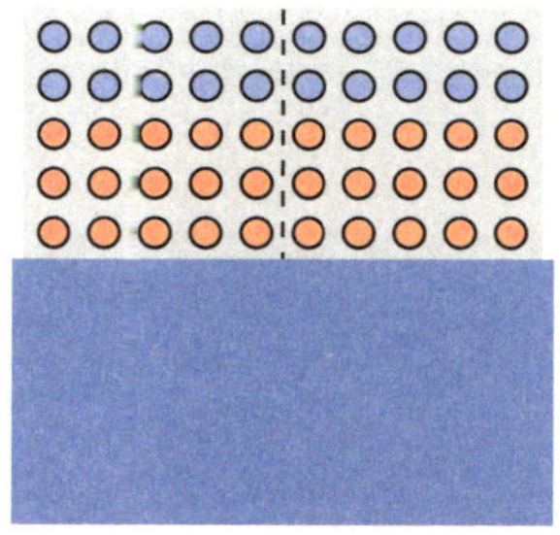

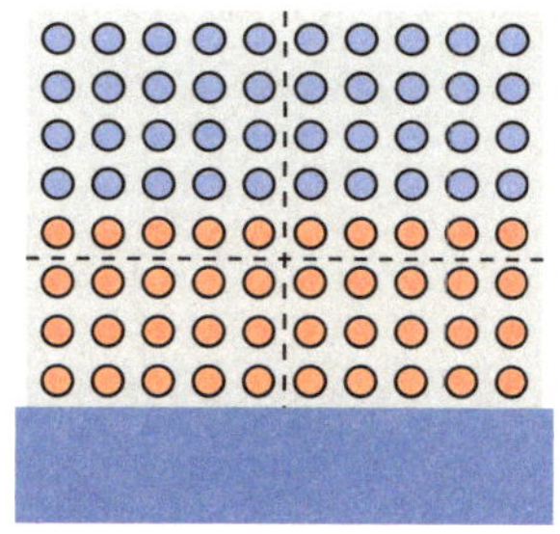

3 0 + 5 0 = ___

2 Rechne und finde die letzte Aufgabe.

a) 10 + 20 = ___
20 + 20 = ___
30 + 20 = ___
40 + 20 = ___
___ + ___ = ___

b) 10 + 90 = ___
20 + 80 = ___
30 + 70 = ___
40 + 60 = ___
___ + ___ = ___

c) 20 + ___ = 30
___ + 20 = 40
20 + 30 = ___
20 + ___ = 60
___ + ___ = ___

d) 50 – 10 = ___
50 – 20 = ___
50 – 30 = ___
50 – 40 = ___
___ – ___ = ___

e) 90 – 50 = ___
80 – 40 = ___
70 – 30 = ___
60 – 20 = ___
___ – ___ = ___

f) 90 – ___ = 30
80 – 50 = ___
___ – 40 = 30
60 – 30 = ___
___ – ___ = ___

3 Immer zwei Zahlen ergeben zusammen 100. Färbe sie gleich ein.

0	10	20	30	40	50	60	70	80	90	100

4 a) Immer 100

100

10	90
50	
	20
	0
70	

100

40	
	30
90	
80	
	100

b) Immer 80

80

20	
	40
70	
	50
	0

c) Immer 90

90

40	
10	
	70
	30
0	

MB S. 26/27

(1) Wie heißen die aufgedeckten Zahlen?

a)

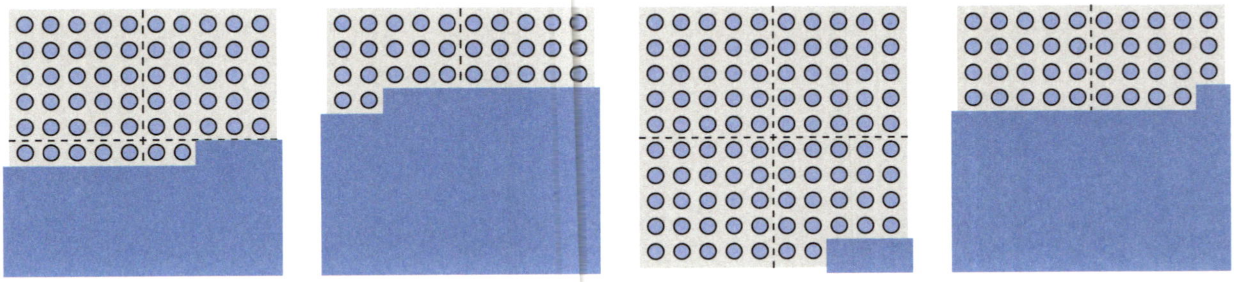

___ ___ ___ ___

b)

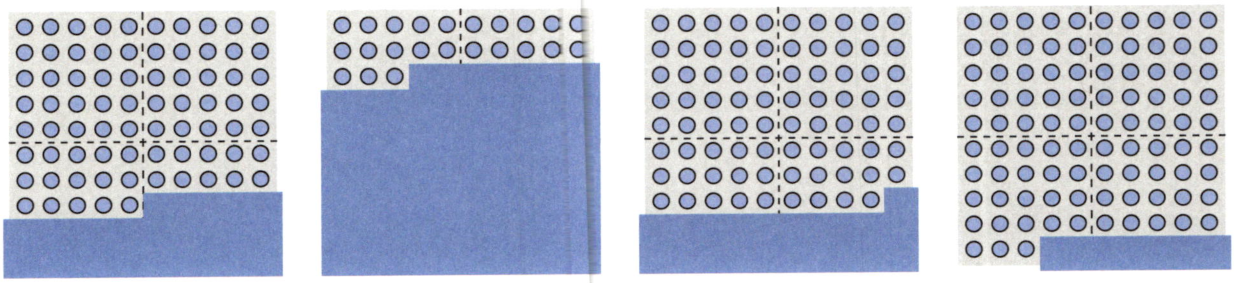

___ ___ ___ ___

(2) Färbe im Hunderterfeld.

a)

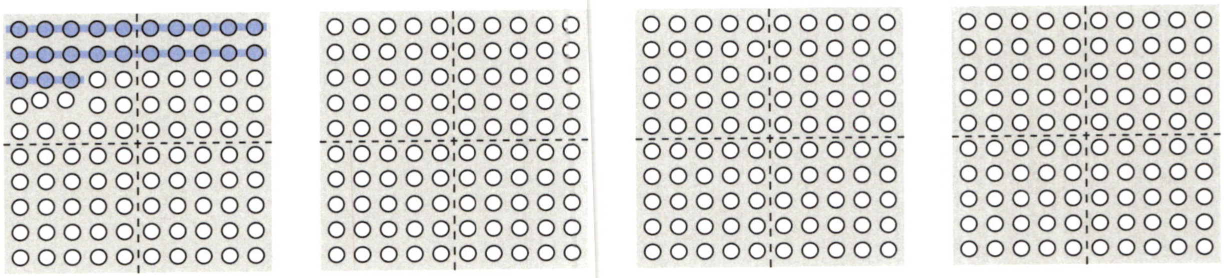

23 55 69 43

b)

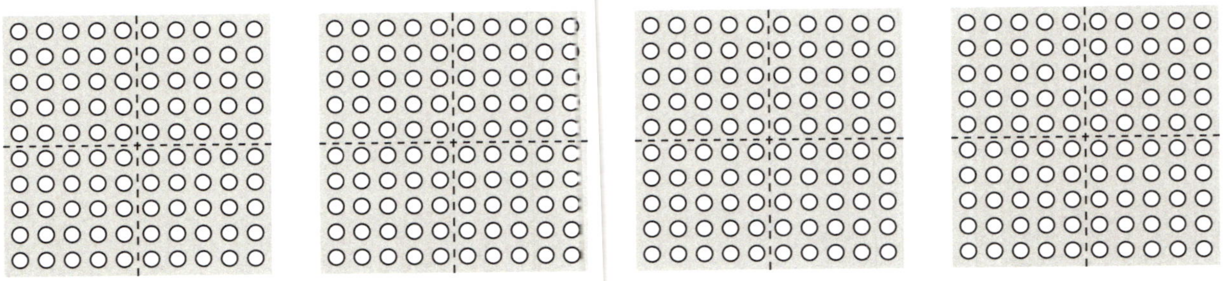

68 46 87 25

★ (3) Wie viele Punkte sind bei (1) jeweils verdeckt? Schreibe auf.

a) 43, ___, ___, ___. b) ___, ___, ___, ___.

Zeige und kontrolliere an deiner Hundertertafel.

(4) Wie viele Punkte hast du bei (2) weiß gelassen? Schreibe auf.

a) 77, ___, ___, ___. b) ___, ___, ___, ___.

1 Welche Karten gehören zusammen? Färbe und ergänze.

vierund-neunzig	einund-fünfzig	sechsund-zwanzig	siebenund-siebzig	achtund-dreißig
Z 7 | E 7	Z 9 | E 4	Z 2 | E 6	Z 5 | E 1	Z | E
3 8	2 6		9 4	5 1

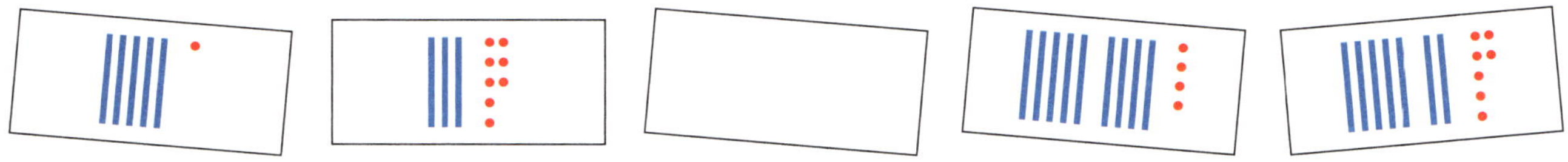

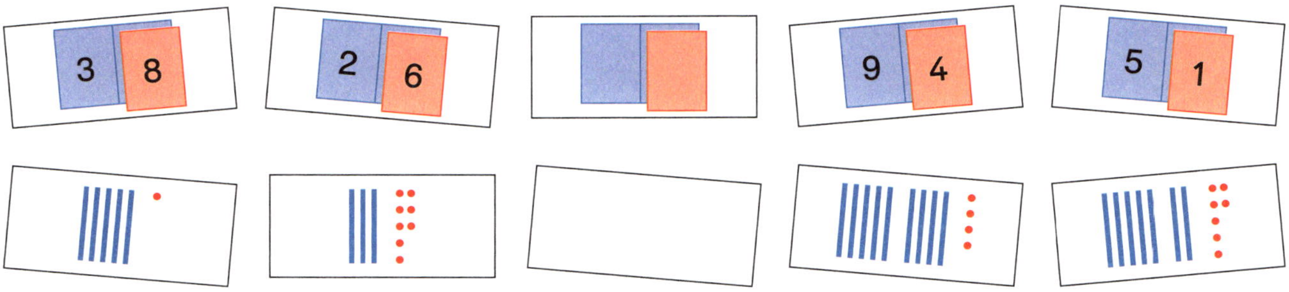

2 Wie heißen diese Zahlen? Schreibe sie auf.

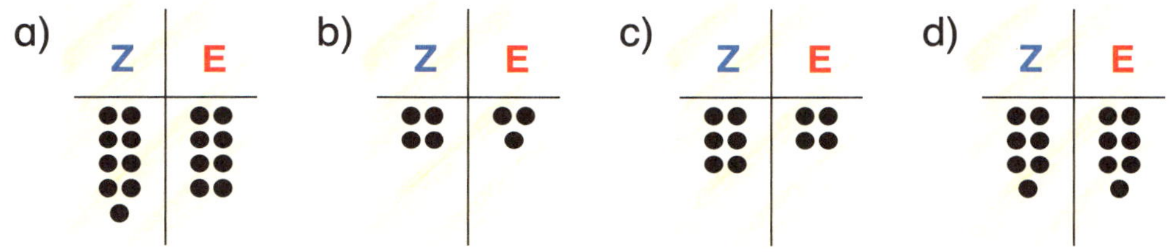

a) 98 b) ____ c) ____ d) ____

3 Zeichne diese Zahlen.

a) Z | E	b) Z | E	c) Z | E	d) Z | E
38	84	47	91

4 Bilde alle möglichen Zahlen: 2 5 6 9

Z	E
2	5

(11 weitere leere Z | E Felder)

Verbinde die Zahlen der Reihe nach mit den verschiedenen Farben.

rot	orange	braun	grün	blau
1 – 8	9 – 12 13 – 17 18 – 22 23 – 27	28 – 35 36 – 40 83 – 86 87 – 90	41– 69	70 – 82

Wenn du bei einer roten Zahl angekommen bist, musst du absetzen und zur nächsten Zahl springen.

Im Klassenraum – Lagebeziehungen

Unsere Klasse 2a

1. Was stimmt? Streiche das falsche Wort durch.

Das Buch liegt auf / unter dem Pult.

Die Hundertertafel hängt über / neben dem Schrank.
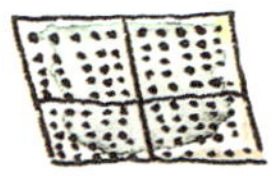

Der Papierkorb steht rechts / links von der Tafel.

Die Bücher stehen oben / unten im Schrank.

2. Ergänze: neben vor hinter zwischen über unter auf

Die Hefte liegen ________ den Tischen.

Der Ranzen steht ________ dem Tisch.

Die Ordner stehen im Schrank ________ den Pinseln und den Büchern.

Die Lehrerin sitzt ________ dem Pult.

Ein Kind steht ________ der Tafel.

★ 3. Male in das Bild …

… ein Haus auf die rechte Tafelseite.

… einen roten Ball unter das Waschbecken.

… ein Kind links neben das Pult.

Welche Kamera hat welche Fotos gemacht?

1

2

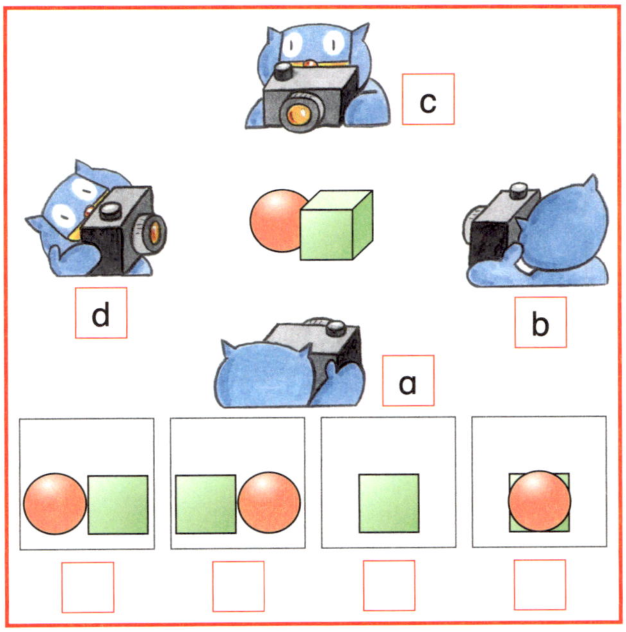

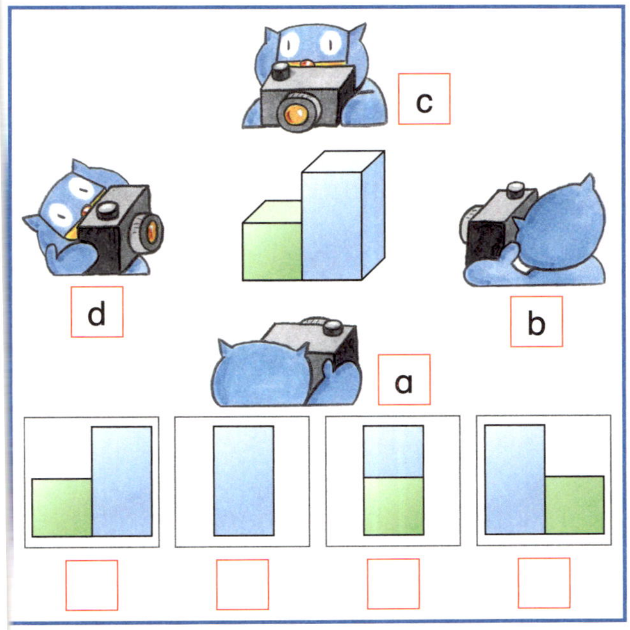

3

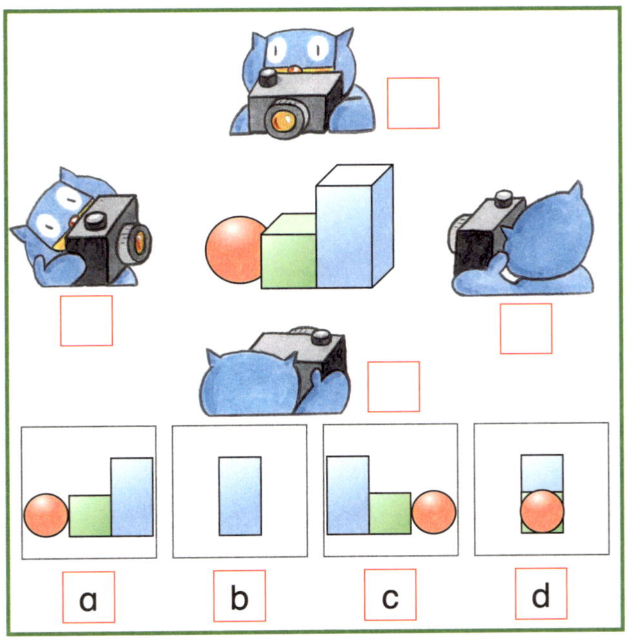

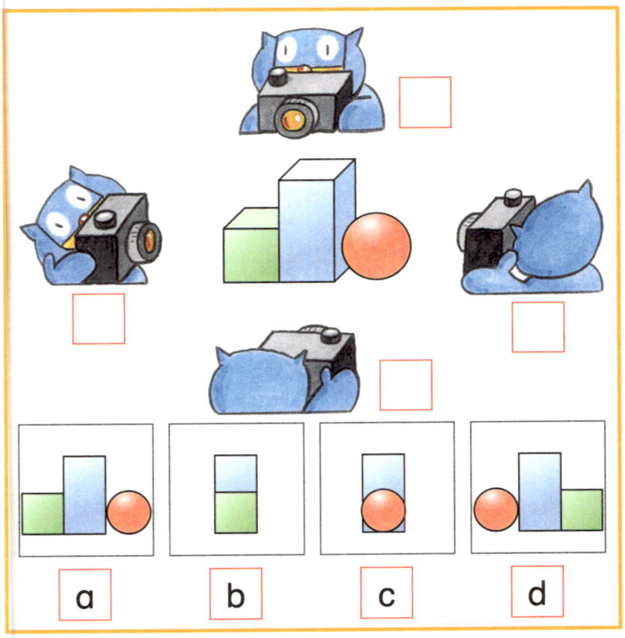

Auf dem Zahlenstrahl

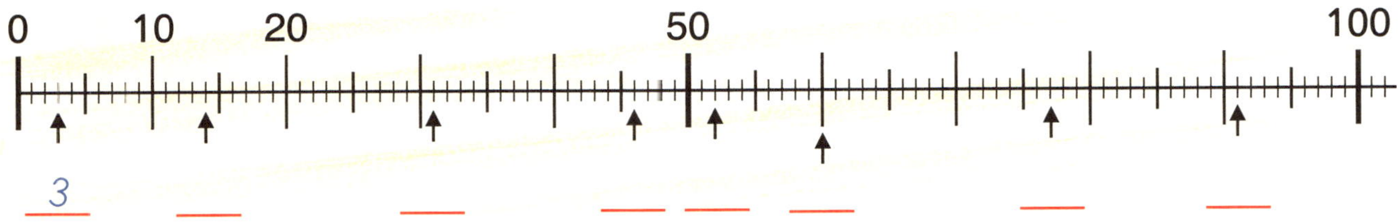

1 Trage am Zahlenstrahl ein:
a) alle Zehnerzahlen bis 100 (blau),
b) alle Zahlen mit 5 Einern: 5, 15, 25, 35, … (rot),
c) Wie heißen die Zahlen, auf die die Pfeile zeigen?

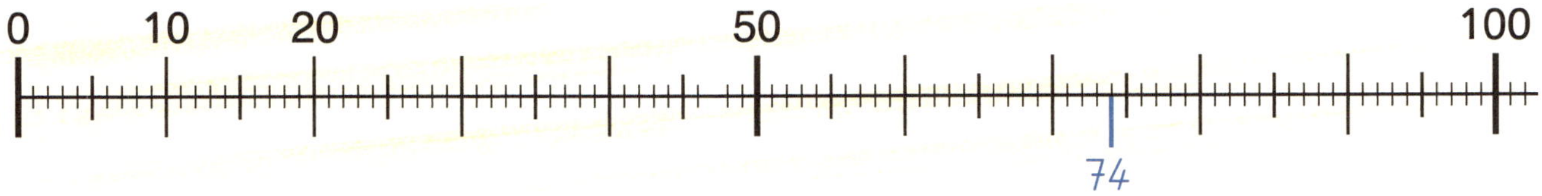

2 a) Trage diese Zahlen in den Zar lenstrahl ein:
74, 81, 43, 69, 24, 96, 13, 58, 33

b) Ordne die Zahlen der Größe n ch. Beginne mit der kleinsten Zahl.

13, ___

3 <, > oder =?

a) 89 ◯ 68	b) 72 ◯ 27	c) 70 ◯ 69	d) 23 ◯ 62
23 ◯ 32	73 ◯ 73	75 ◯ 57	36 ◯ 63
46 ◯ 98	89 ◯ 86	43 ◯ 34	43 ◯ 54

4 Nachbarzahlen

a) 27 28 29	b) ___ 31 ___	c) 58 59 60	d) ___ 40 ___
___ 29 ___	___ 61 ___	___ 29 ___	___ 20 ___
___ 30 ___	___ 81 ___	___ 79 ___	___ 90 ___

5 Ergänze die Zahlenfolgen. Der Zahlenstrahl kann helfen.

a) 20, 21, 22, ___, ___, ___, 26
b) 27, 37, 47, ___, ___, ___, 87
c) 100, 99, 98, ___, ___, ___, 94
d) 93, 92, 91, ___, ___, ___, 87

e) 5, 10, 15, ___, ___, ___, 35
f) 40, 45, 50, ___, ___, ___, 70
g) 42, 44, 46, ___, ___, ___, 54
h) 76, 73, 70, ___, ___, ___, 58
i) 79, 77, 75, ___, ___, ___, 67
j) 44, 48, 52, ___, ___, ___, 68

1

a) Ergänze die fehlenden Zahlen.

b) Kreise alle Zahlen mit 0 Einern blau ein.

c) Färbe alle ungeraden Zahlen orange.

d) Färbe alle Zahlen mit 2 Zehnern gelb.

e) Färbe alle Zahlen mit 5 Zehnern grün.

f) Kreise alle Zahlen mit zwei gleichen Ziffern lila ein.

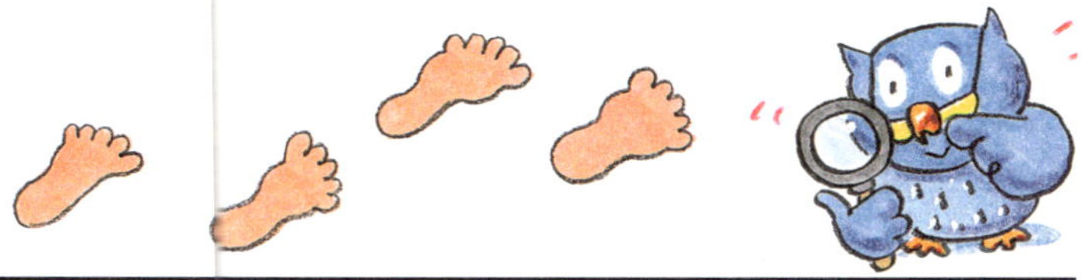

1	2	3	4	5	6	7	8	9	10
11	12			15				19	20
21		23		25			28		30
31			34	35		37			40
41				45	46				50
51				55	56				60
61			64	65		67			70
71		73		75			78		80
81	82			85				89	90
91	92	93	94	95	96	97	98	99	**100**

2 Ausschnitte aus der Hundertertafel:
Welche Zahlen fehlen hier? Trage sie ein.

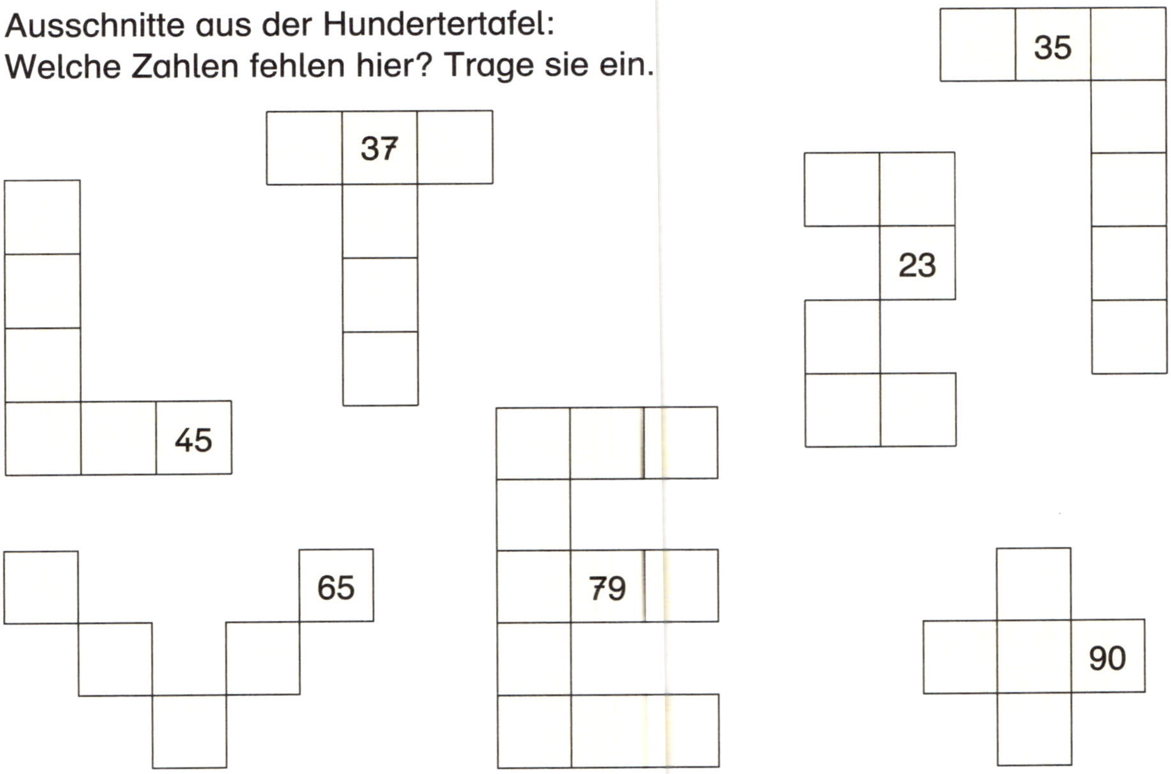

Wandern in der Hundertertafel

1 Wandere in der Hundertertafel.

a) Erkläre die Schilder:

→ heißt (+1) ↑ heißt ( )

← heißt ( ) ↓ heißt ( )

1	2	3	4	5	6	7	8	9	10
									20
						(27)			30
									40
	(42)								50
									60
		(63)							70
									80
							(88)		90
									100

b) Wandere nun von Zahlen in den Kreisen jeweils einen Schritt in alle Richtungen.
Trage die erreichten Zahlen ein.

2 Trage die fehlenden Zahlen ein.

a) → (+1)

35	36
45	
55	
65	
75	

22	
74	
86	
39	
47	

b) ← (−1)

13	14
	24
	34
	44
	54

	60
	92
	59
	87
	26

3 Trage die fehlenden Zahlen ein.

a) ↓ (+10)

22	23	24	25	26
32				

b) ↑ (−10)

55				
65	66	67	68	69

4 Rechne.

a) 32 + 1 = ___
32 + 10 = ___
55 + 2 = ___
55 + 20 = ___

b) 98 − 1 = ___
98 − 10 = ___
67 − 3 = ___
67 − 30 = ___

c) 53 + 2 = ___
53 − 2 = ___
53 + 20 = ___
53 − 20 = ___

① Verbinde kleine und große Aufgaben und rechne.

3 + 6 = ___	15 – 2 = ___	9 – 7 = ___	19 – 7 = ___
5 – 2 = ___	18 + 2 = ___	6 – 4 = ___	12 + 6 = ___
8 + 2 = ___	13 + 6 = ___	2 + 6 = ___	16 – 4 = ___

②

Zahl	18	16	20	12					4	
die Hälfte				6	4	7	5	3		1

③ Trage ein oder zeichne.

Z	E

Z	E

Z	E
3	2

Z	E
5	4

Z	E
7	0

④ Setze die Zahlenfolgen fort.

a) 19, 22, 25, ___, ___, ___, 37

b) 100, 98, 96, ___, ___, ___, 88

⑤ a) 20 + 50 = ___
20 + 5 = ___
20 + 55 = ___
25 + 50 = ___

b) 67 – 30 = ___
67 – 3 = ___
67 – 33 = ___
67 – 7 = ___

c) 40 + 4 = ___
40 + 44 = ___
40 – 4 = ___
40 – 14 = ___

⑥ Zahlenmauern

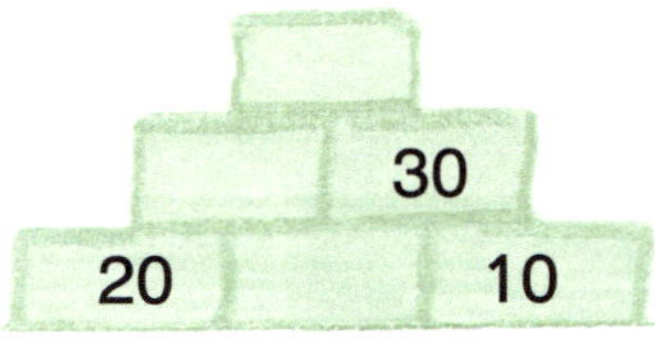

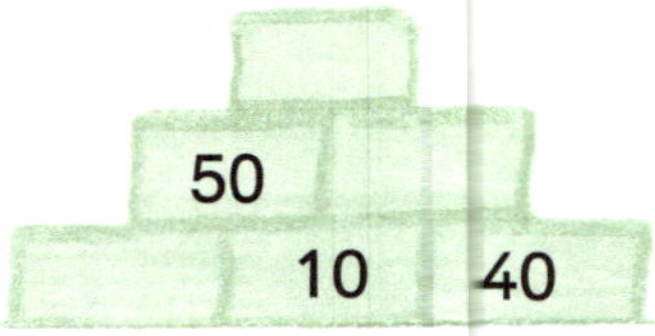

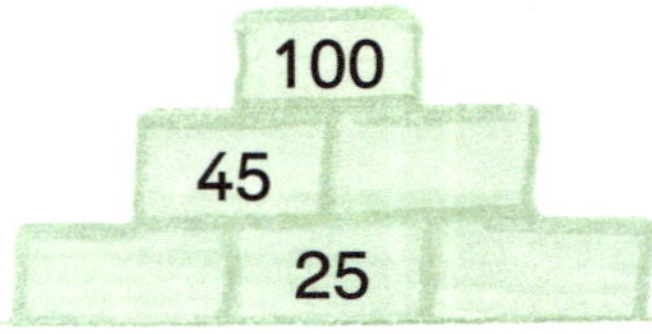

⑦ Wie heißen die Zahlen?

Meine Zahl hat 8 Zehner und halb so viele Einer. ___

Meine Zahl hat eine 7 und eine Null. ___

Meine Zahl hat 6 Zehner und 5 Einer. ___

Mit Messgeräten messen

1 Schätze die Länge und miss dann genau nach.
Beim Schätzen hilft die Daumenbreite.

a) b) c) d)

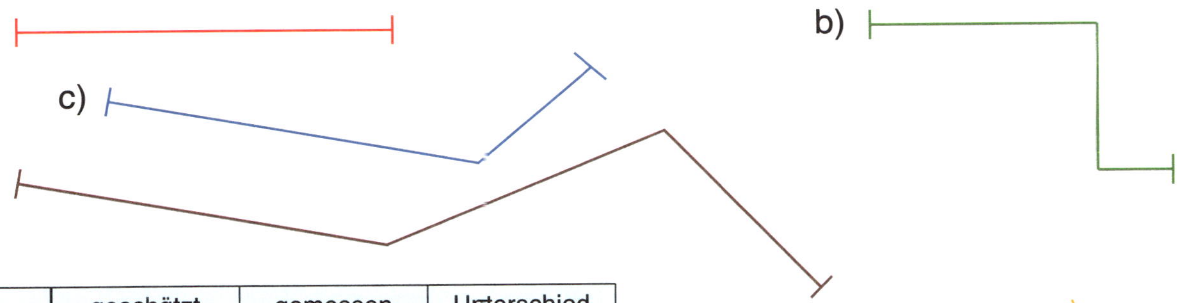

	geschätzt	gemessen	Unterschied
a)			
b)			
c)			
d)			
e)			

e)

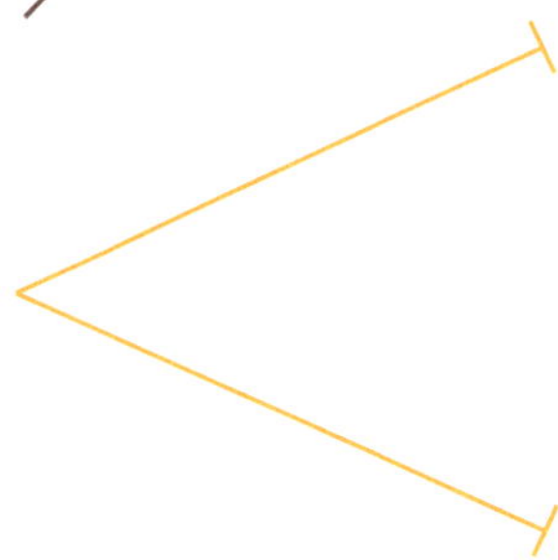

2 Diese Tiere sind verkleinert dargestellt.
Wie groß sind die Tiere wirklich? Zeichne.

Bei Schmetterlingen und Libellen wird die Flügelspannweite gemessen, bei Käfern und Raupen die Körperlänge.

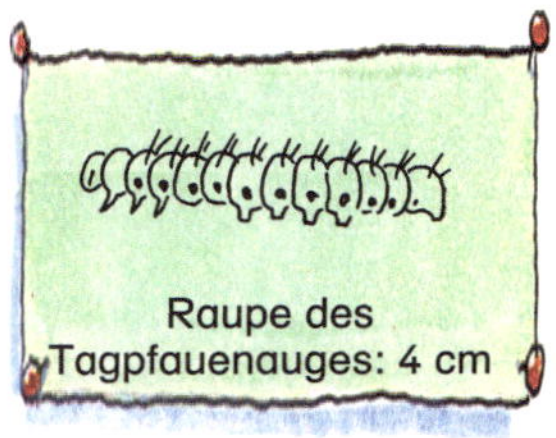

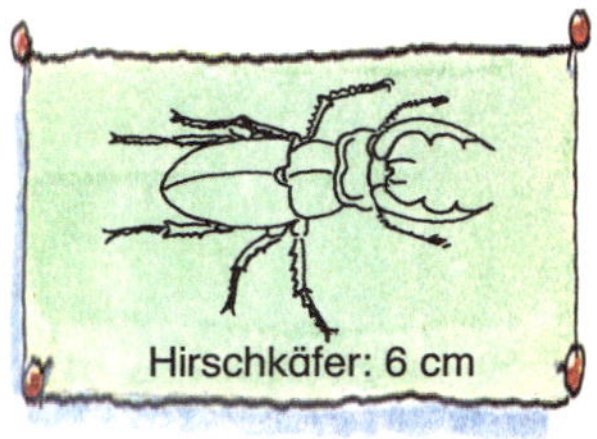

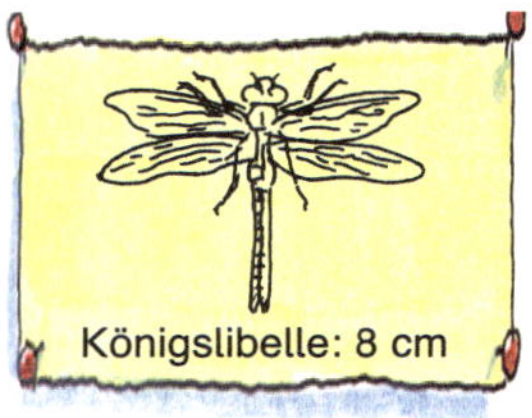

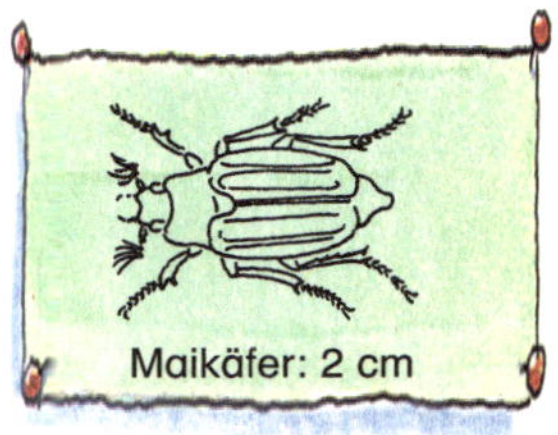

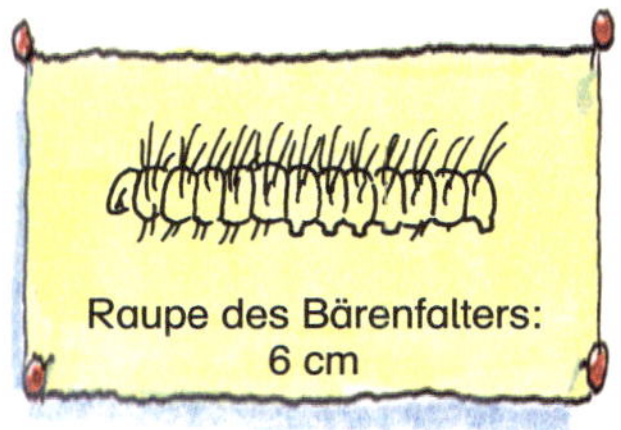

Aufgaben bis 100

1 Zeichne und rechne.

a) 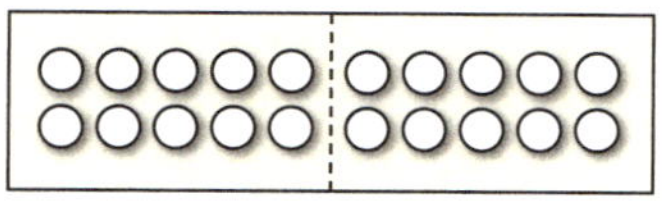 9 + 6 = ___

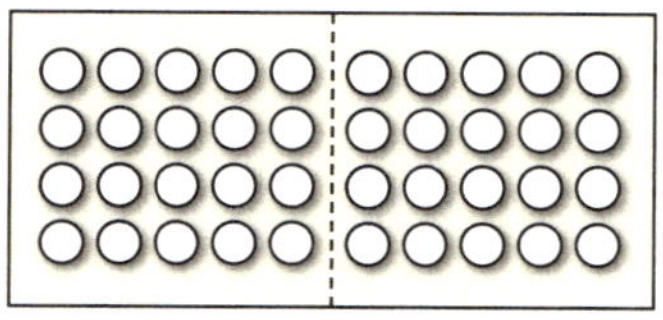 29 + 6 = ___

b) 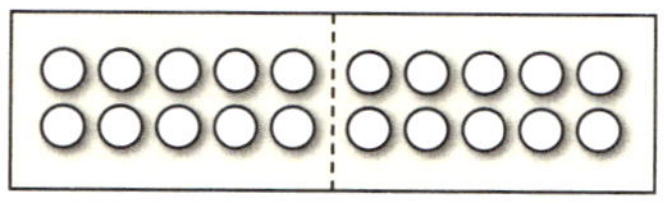 12 – 4 = ___

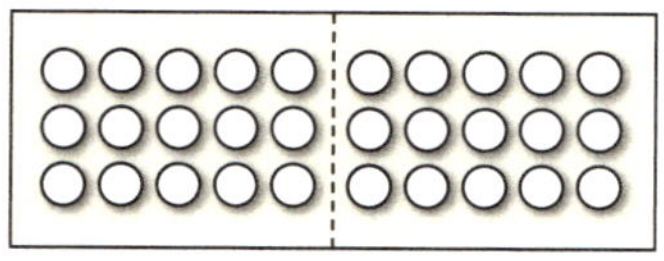 22 – 4 = ___

2 Rechne die kleine und die große Aufgabe.

a) 7 + 5 = ___	b) 8 + 7 = ___	c) 13 – 7 = ___	d) 11 – 6 = ___
37 + 5 = ___	48 + 7 = ___	53 – 7 = ___	31 – 6 = ___

3 Setze die Reihe fort.

a) 6 + 3 = ___	b) 9 – 8 = ___	c) 8 + 6 = ___	d) 11 – 6 = ___
16 + 3 = ___	19 – 8 = ___	18 + 6 = ___	21 – 6 = ___
26 + 3 = ___	29 – 8 = ___	28 + 6 = ___	31 – 6 = ___
36 + 3 = ___	39 – 8 = ___	38 + 6 = ___	41 – 6 = ___
___	___	___	___
___	___	___	___
___	___	___	___

4

a) 14 + 30 = ___	b) 88 – 40 = ___	c) 3 + 50 = ___	d) 79 – 60 = ___
14 + 32 = ___	88 – 41 = ___	3 + 52 = ___	79 – 63 = ___
14 + 36 = ___	88 – 45 = ___	3 + 56 = ___	79 – 69 = ___

Ergänze passende Aufgaben.

e) 27 + 50 = ___	f) 66 – 20 = ___	g) 15 + 30 = ___	h) 99 – 40 = ___
27 + ___	66 – ___	15 + ___	99 – ___
27 + ___	66 – ___	15 + ___	99 – ___

1 Auf die Einer kommt es an.
Rechne.

a)

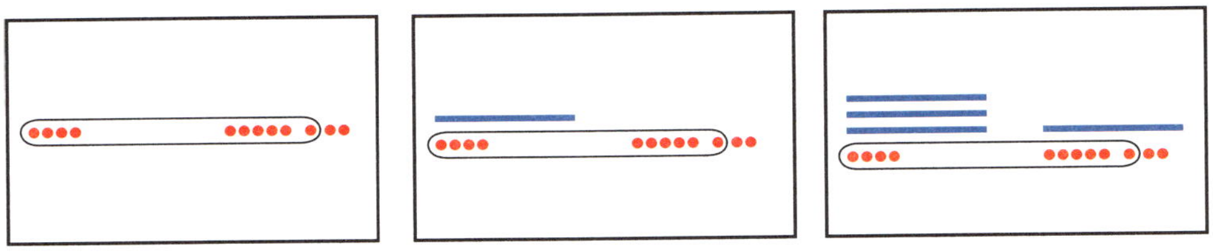

4 + 8 = ___ 14 + 8 = ___ 34 + 18 = ___

b)

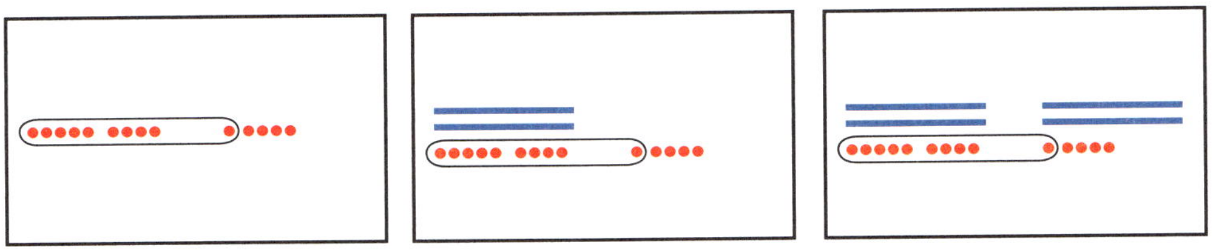

9 + 5 = ___ 29 + 5 = ___ 29 + 25 = ___

c)

6 + 7 = ___ 16 + 7 = ___ 36 + 17 = ___

2 Welche kleine Aufgabe hilft?
Rechne immer beide Aufgaben.

73 + 9 = ___	89 + 4 = ___	87 + 5 = ___	37 + 8 = ___
3 + 9 = ___	___ + ___ = ___	___ + ___ = ___	___ + ___ = ___
46 + 7 = ___	56 + 6 = ___	28 + 3 = ___	66 + 9 = ___
___ + ___ = ___	___ + ___ = ___	___ + ___ = ___	___ + ___ = ___

3 Rechne und finde die nächsten Aufgaben.

a)	b)	c)
36 + 3 = ___	44 + 4 = ___	53 + 5 = ___
36 + 13 = ___	44 + 14 = ___	53 + 15 = ___
36 + 23 = ___	44 + 24 = ___	53 + 25 = ___
36 + ___ = ___	44 + ___ = ___	53 + ___ = ___
36 + ___ = ___	44 + ___ = ___	53 + ___ = ___
___ + ___ = ___	___ − ___ = ___	___ + ___ = ___
___ + ___ = ___	___ − ___ = ___	___ + ___ = ___

Plusaufgaben bis 100 üben ①

MB S. 50/51

1 So?

48 + 37 = ___
40 + 30 = 70
8 + 7 = 15

Oder so?

48 + 37 = ___
48 + 30 = 78
78 + 7 = ___

Oder so?

48 + 37 = ___
+ 30 + 7
48

Oder?

Rechne auf deinem Weg.

56 + 35 = ___	27 + 47 = ___	35 + 58 = ___
34 + 57 = ___	68 + 23 = ___	45 + 46 = ___
74 + 18 = ___	36 + 38 = ___	38 + 55 = ___

2 Rechne mit der Ergebniszahl weiter.

a)
7 + 8 = 15
59 + 19 = ___
15 + 16 = ___
31 + 28 = ___
78 + 22 = ___

Ziel: 100

b)
6 + 7 = ___
31 + 16 = ___
96 + 3 = ___
47 + 49 = ___
13 + 18 = ___

Ziel: 99

c)
9 + 8 = ___
17 + 18 = ___
62 + 19 = ___
81 + 19 = ___
35 + 27 = ___

Ziel: 100

Plusaufgaben bis 100 üben ②

1 Welche Stelle ändert sich jeweils?
Überlege und rechne.

a) 36 + 3 = ___	23 + 5 = ___	15 + 4 = ___	12 + 7 = ___
36 + 30 = ___	23 + 50 = ___	15 + 40 = ___	12 + 70 = ___
36 + 33 = ___	23 + 55 = ___	15 + 44 = ___	12 + 77 = ___
b) 16 + 2 = ___	33 + 6 = ___	45 + 3 = ___	32 + 5 = ___
16 + 20 = ___	33 + 60 = ___	45 + 30 = ___	32 + 50 = ___
16 + 22 = ___	33 + 66 = ___	45 + 33 = ___	32 + 55 = ___

2 Nahe beim vollen Zehner: Denke an Eulalias Tipp.

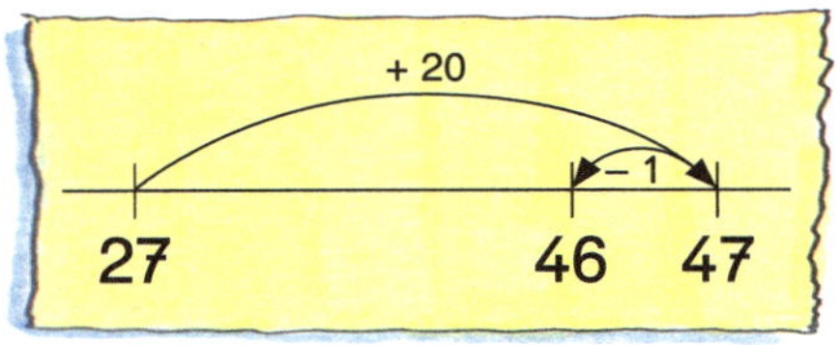

27 + 19 = ___
27 + 20 – 1 = ___

a) 45 + 29 = ___

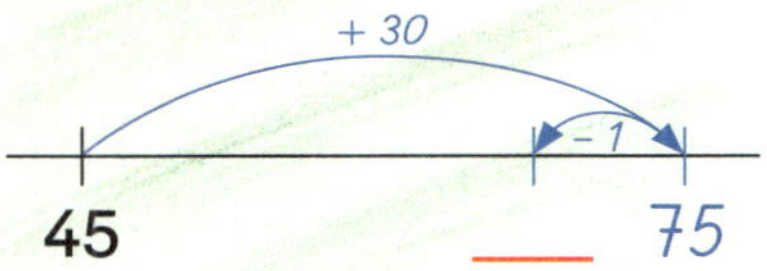

b) 57 + 39 = ___

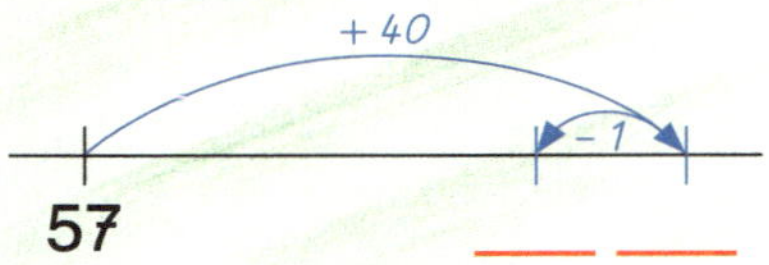

c) 24 + 59 = ___

24

d) 26 + 49 = ___

26

e) 63 + 19 = ___

63

f) 17 + 69 = ___

17

g) 48 + 39 = ___

48

h) 54 + 29 = ___

54

i) 66 + 39 = ___

66

Plusaufgaben bis 100 üben ③

MB S. 50/51

① Beginne in jedem Päckchen mit der Aufgabe, die für dich am leichtesten ist. Rahme sie ein.

a)	b)	c)
56 + 30 = ___	19 + 39 = ___	47 + 18 = ___
56 + 29 = ___	19 + 40 = ___	47 + 19 = ___
56 + 28 = ___	19 + 38 = ___	47 + 20 = ___

d)	e)	f)
69 + 24 = ___	40 + 48 = ___	78 + 17 = ___
70 + 24 = ___	38 + 48 = ___	80 + 17 = ___
68 + 24 = ___	39 + 48 = ___	79 + 17 = ___

② Rechne auf deinem Weg

45 + 27 = ___	63 + 18 = ___	56 + 34 = ___
32 + 44 = ___	57 + 16 = ___	28 + 61 = ___
79 + 23 = ___	43 + 28 = ___	46 + 39 = ___
58 + 35 = ___	62 + 38 = ___	26 + 73 = ___
37 + 26 = ___	68 + 25 = ___	52 + 48 = ___

Schöne Parkette

1 Zeichne weiter.

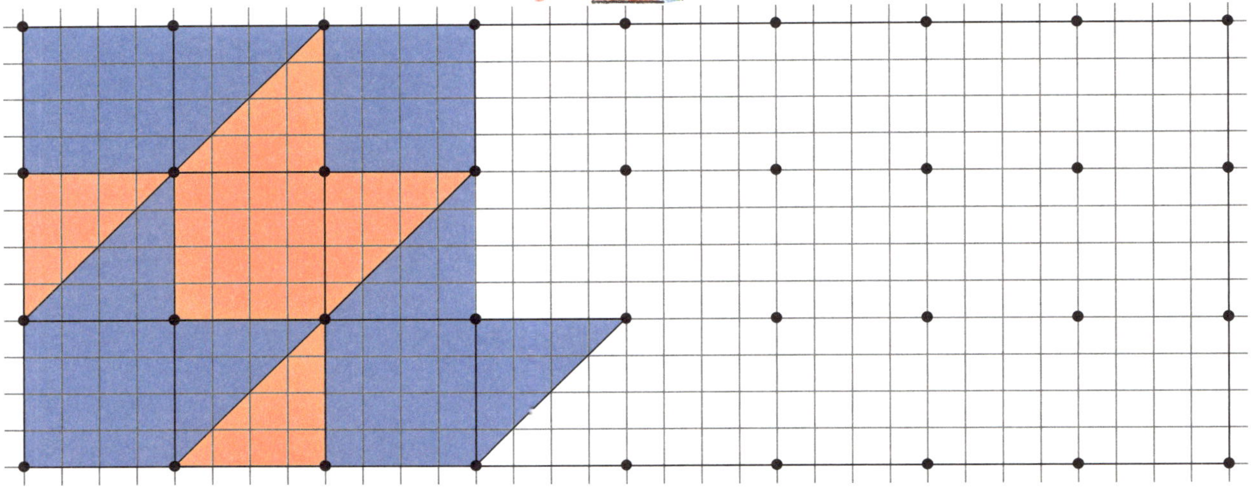

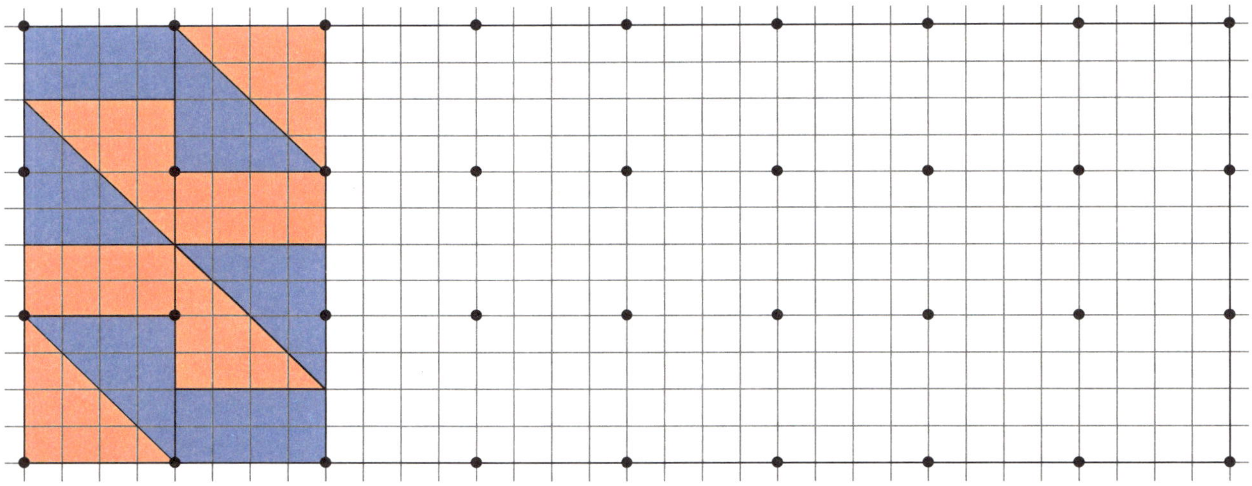

2

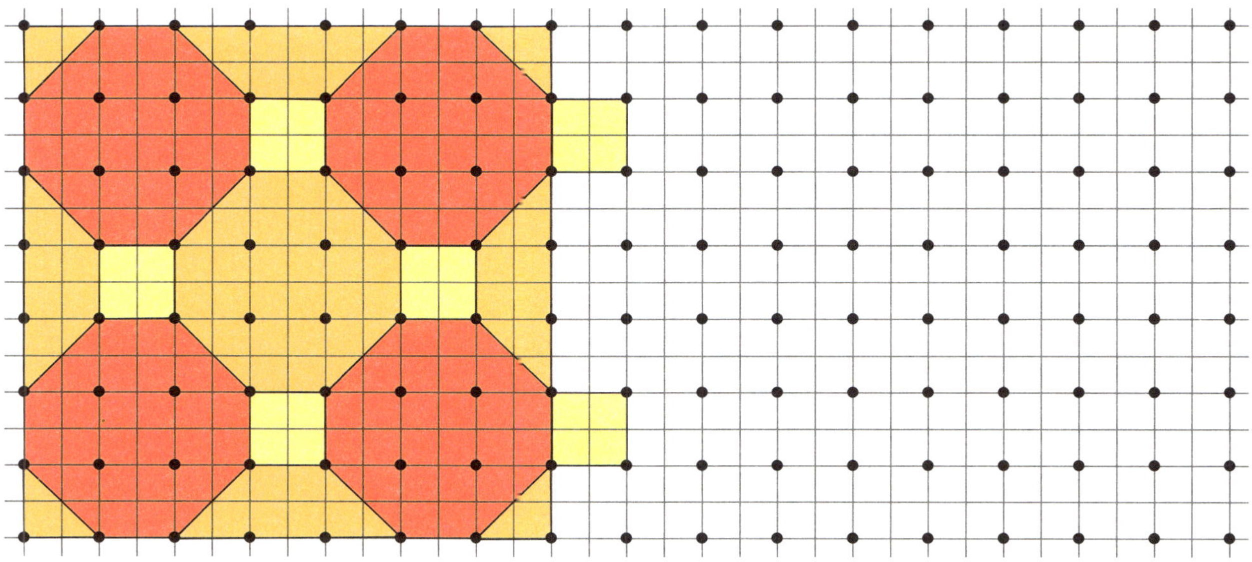

Vom Quadrat zum Riesenrochen

MB S. 52/53

① Setze die Parkette fort.

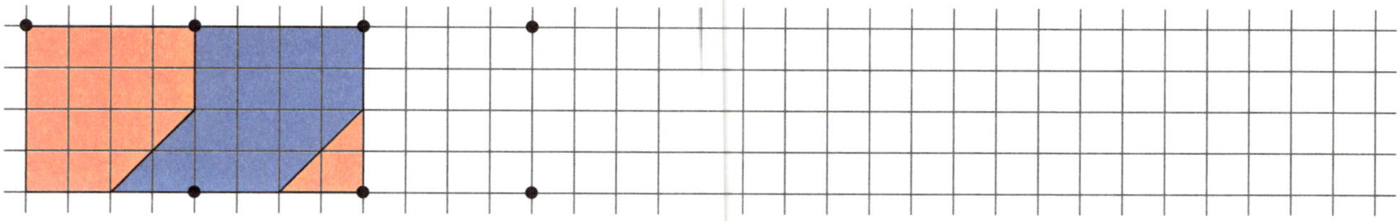

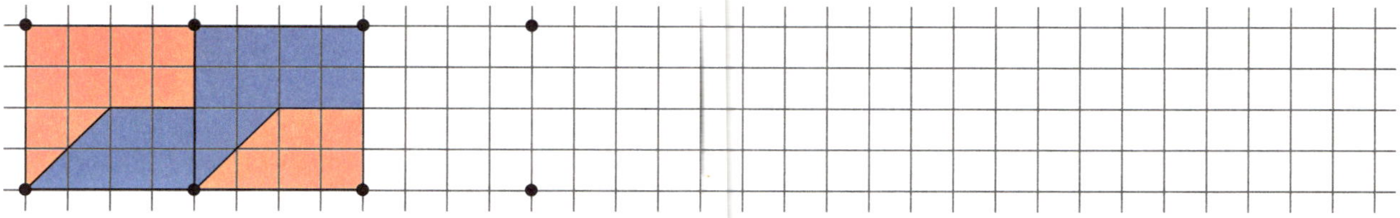

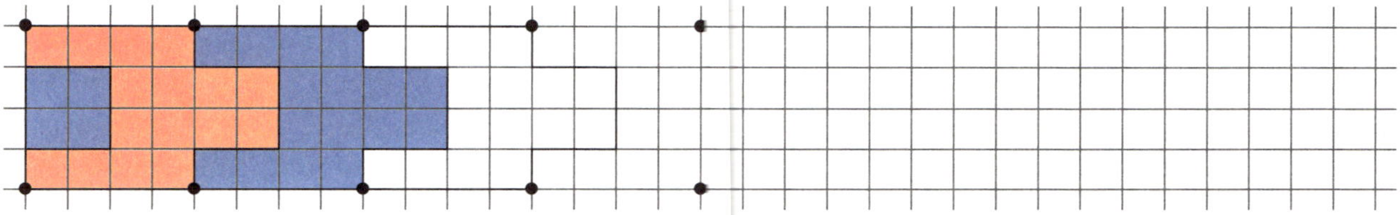

② Vom Quadrat zum Frosch. Setze fort.

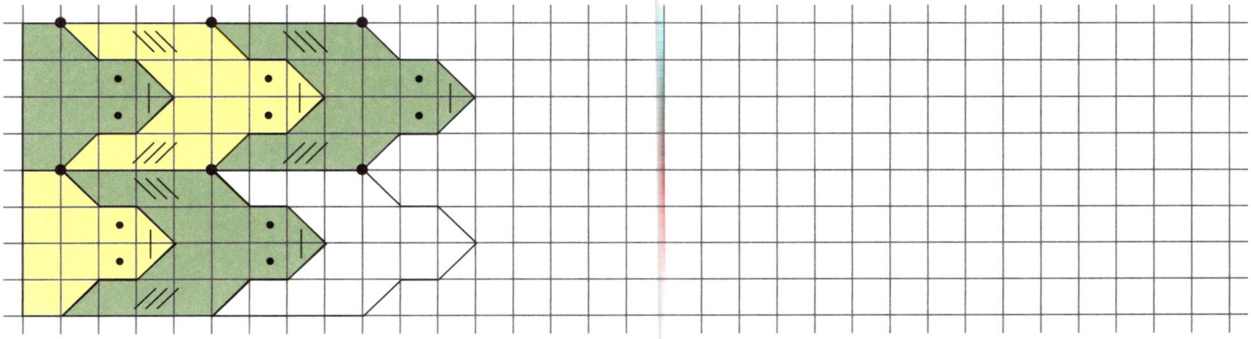

③ Vom Quadrat zum Riesenrochen. Setze fort.

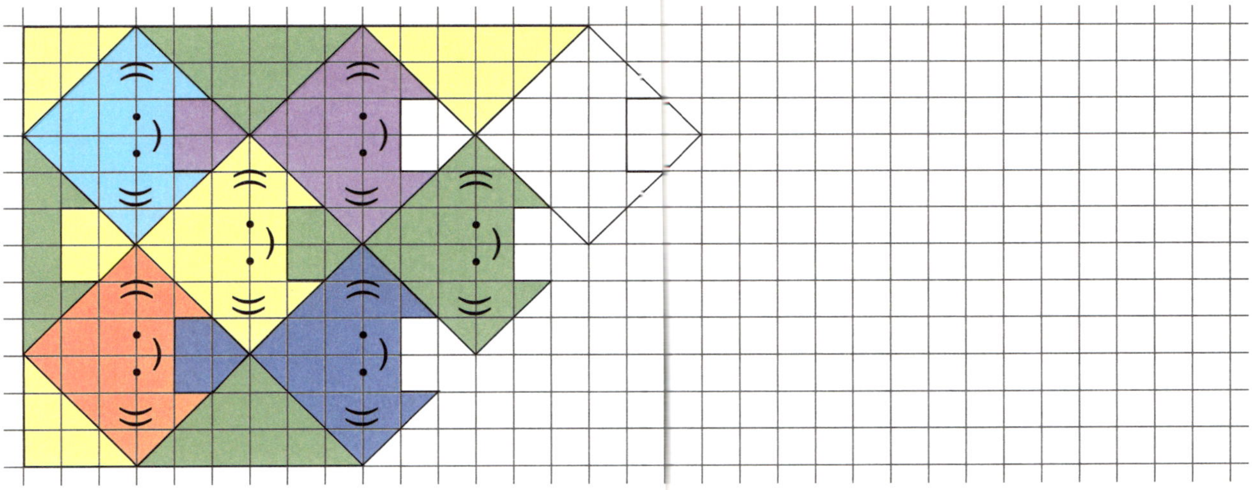

1 Auf die Einer kommt es an. Rechne.

a)

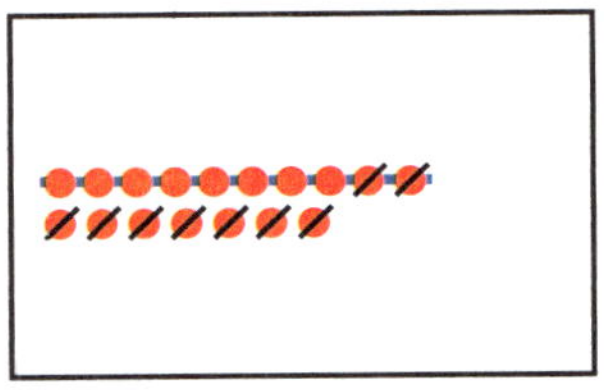

17 – 9 = ____

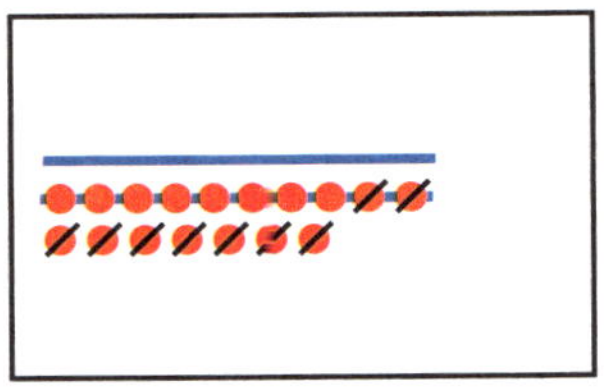

27 – 9 = ____

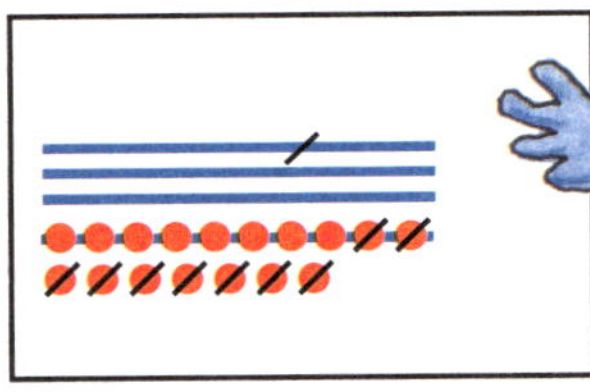

47 – 19 = ____

b)

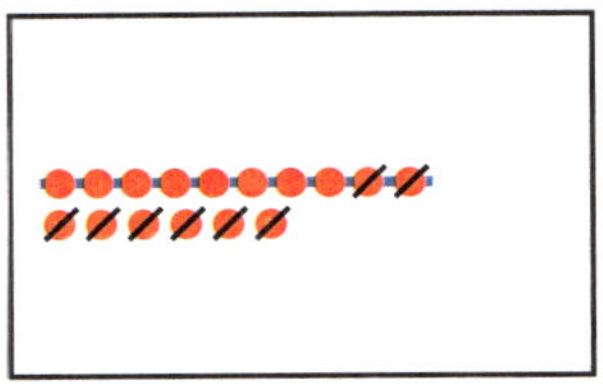

16 – 8 = ____

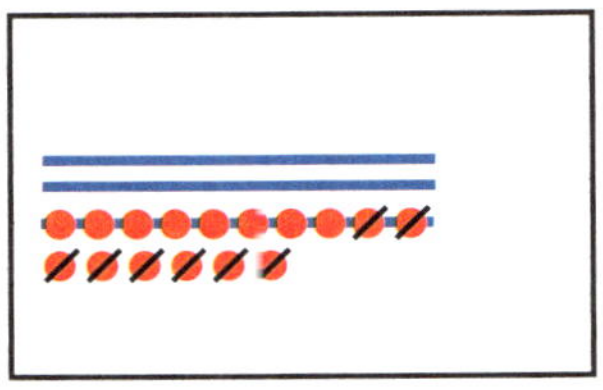

36 – 8 = ____

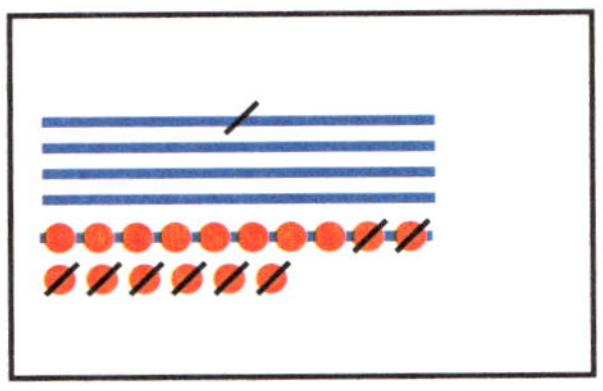

56 – 18 = ____

c)

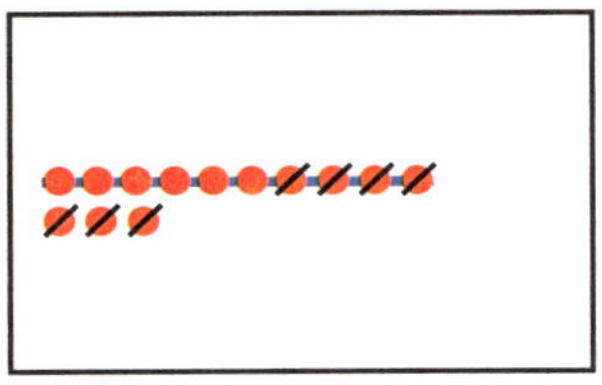

13 – 7 = ____

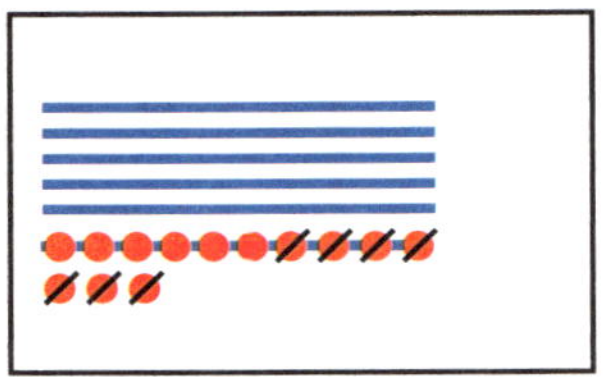

63 – 7 = ____

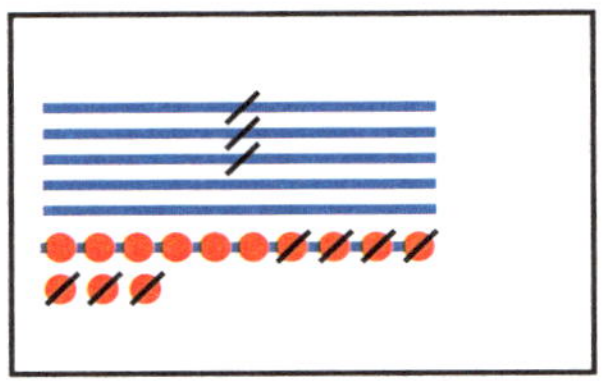

63 – 37 = ____

d)

16 – 9 = ____ 36 – 9 = ____ 56 – 19 = ____

2 Welche kleine Aufgabe hilft? Rechne beide Aufgaben.

a) 72 – 9 = 63 84 – 7 = ____ 55 – 7 = ____ 33 – 8 = ____
12 – 9 = 3 14 – 7 = ____ ____ – ____ = ____ ____ – ____ = ____

b) 42 – 6 = ____ 23 – 5 = ____ 64 – 6 = ____ 100 – 7 = ____
____ – ____ = ____ ____ – ____ = ____ ____ – ____ = ____ ____ – ____ = ____

3 Welche Stelle ändert sich jeweils? Rechne.

16 – 8 = ____ 13 – 6 = ____ 14 – 6 = ____ 12 – 5 = ____
36 – 20 = ____ 53 – 30 = ____ 94 – 40 = ____ 72 – 50 = ____
36 – 28 = ____ 53 – 36 = ____ 94 – 46 = ____ 72 – 55 = ____

Wir ordnen Minusaufgaben

1 Verbinde Bild mit Aufgabe und dann mit dem passenden Hut.

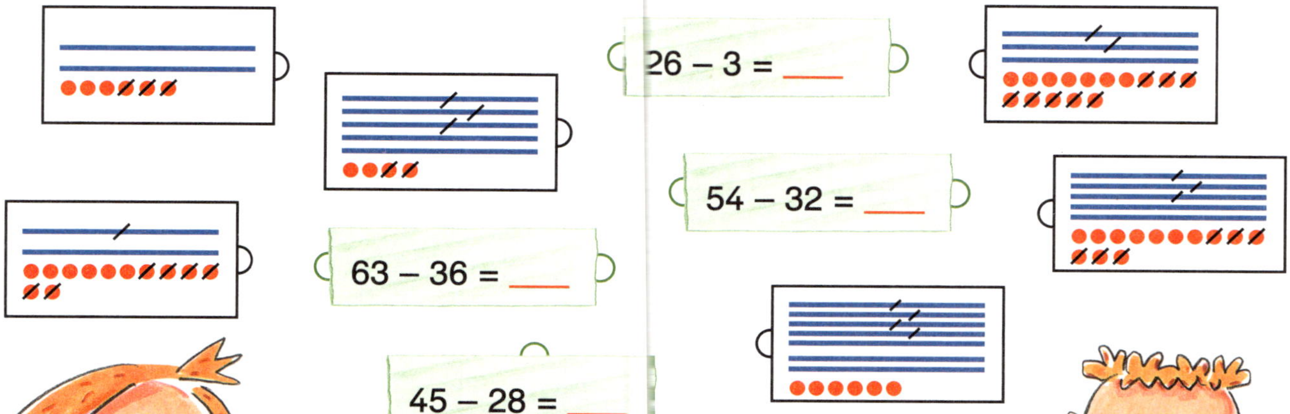

26 – 3 = ___

54 – 32 = ___

63 – 36 = ___

45 – 28 = ___

32 – 16 = ___

76 – 40 = ___

mit Umtauschen

ohne Umtauschen

2 Zeichne und rechne.

a)

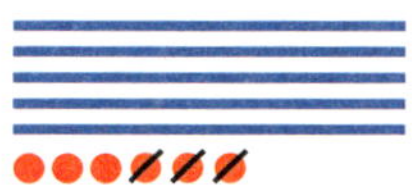

56 – 3 = ___ 56 – 30 = ___ 56 – 33 = ___

b)

33 – 20 = ___ 33 – 5 = ___ 33 – 25 = ___

3 Welche Stelle ändert sich jeweils? Rechne.

a) 53 – 8 = ___ 97 – 8 = ___
53 – 30 = ___ 97 – 40 = ___
53 – 38 = ___ 97 – 48 = ___

b) 88 – 9 = ___ 64 – 5 = ___
88 – 40 = ___ 64 – 50 = ___
88 – 49 = ___ 64 – 55 = ___

c) 64 – 2 = ___ 86 – 4 = ___
64 – 30 = ___ 86 – 30 = ___
64 – 32 = ___ 86 – 34 = ___

d) 79 – 6 = ___ 56 – 5 = ___
79 – 50 = ___ 56 – 50 = ___
79 – 56 = ___ 56 – 55 = ___

Minusaufgaben bis 100 ①

① Rechne auf deinem Weg.

72 − 38 = ___	65 − 47 = ___	84 − 56 = ___
52 − 19 = ___	71 − 55 = ___	64 − 28 = ___
43 − 15 = ___	91 − 66 = ___	82 − 51 = ___
48 − 23 = ___	64 − 29 = ___	53 − 27 = ___

② Rechne und finde die nächste Aufgabe.

a) 75 − 6 = ___	33 − 15 = ___	72 − 39 = ___	98 − 49 = ___
74 − 7 = ___	44 − 16 = ___	62 − 39 = ___	97 − 48 = ___
73 − 8 = ___	55 − 17 = ___	52 − 39 = ___	96 − 47 = ___
___ − ___ = ___	___ − ___ = ___	___ − ___ = ___	___ − ___ = ___

☆

b) 93 − 14 = ___	72 − 19 = ___	24 − 16 = ___	51 − 15 = ___
94 − 15 = ___	73 − 18 = ___	35 − 17 = ___	62 − 26 = ___
___ − ___ = ___	___ − ___ = ___	___ − ___ = ___	___ − ___ = ___
___ − ___ = ___	___ − ___ = ___	___ − ___ = ___	___ − ___ = ___

Minusaufgaben bis 100 ②

MB S. 56/57

① Nahe beim vollen Zehner. Denke an Eulalias Tipp.

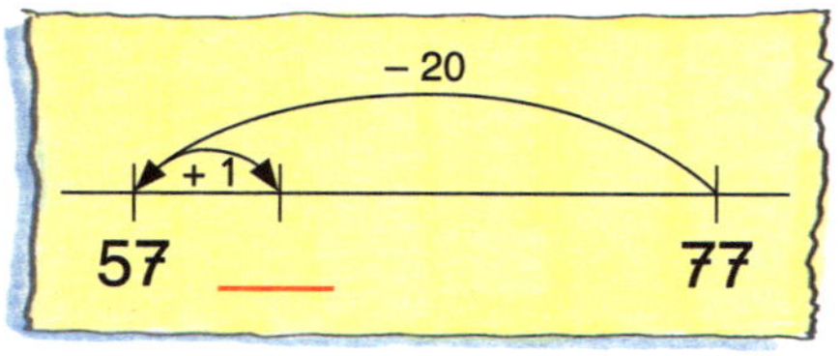

77 – 19 = ___
77 – 20 + 1 = ___

a) 83 – 39 = ___ 56 – 29 = ___ 73 – 59 = ___

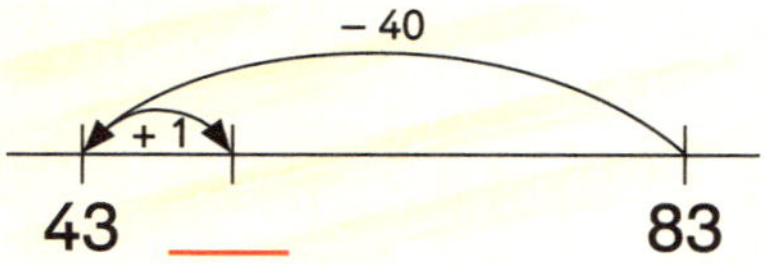

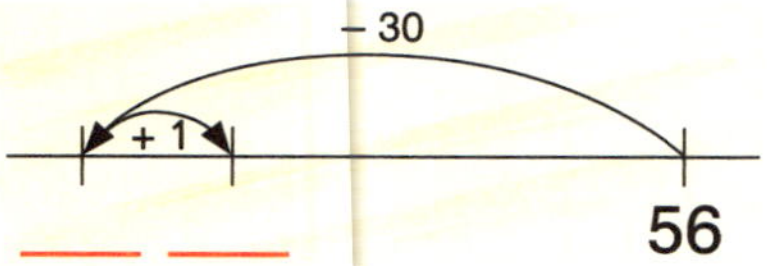

b) 72 – 49 = ___ 64 – 19 = ___ 81 – 69 = ___

② Beginne in jedem Päckchen mit der Aufgabe, die für dich am leichtesten ist. Rahme sie ein.

a) 68 – 28 = ___
68 – 29 = ___
68 – 30 = ___

b) 74 – 39 = ___
74 – 40 = ___
74 – 38 = ___

c) 46 – 18 = ___
46 – 19 = ___
46 – 20 = ___

d) 94 – 22 = ___
94 – 21 = ___
94 – 20 = ___

e) 85 – 50 = ___
85 – 49 = ___
85 – 48 = ___

f) 57 – 49 = ___
57 – 50 = ___
57 – 48 = ___

③ Rechne auf deinem Weg.

45 – 25 = ___ 63 – 15 = ___ 56 – 38 = ___

32 – 24 = ___ 57 – 38 = ___ 88 – 69 = ___

Übung macht den Meister (+)

(1) Ergänze zum nächsten Zehner.

a)	b)	c)	d)
27 + ___ = 30	34 + ___ = ___	___ + 7 = 40	___ + 2 = 50
58 + ___ = 60	91 + ___ = ___	___ + 8 = 40	36 + ___ = 40
82 + ___ = 90	76 + ___ = ___	___ + 3 = 40	___ + 9 = 60
65 + ___ = 70	43 + ___ = ___	___ + 1 = 60	49 + ___ = 50

(2) Rechne zuerst die Aufgabe, die dir am einfachsten erscheint.

a)	b)	c)	d)
35 + 27 = ___	68 + 13 = ___	44 + 44 = ___	49 + 38 = ___
35 + 26 = ___	68 + 12 = ___	45 + 44 = ___	50 + 38 = ___
35 + 25 = ___	68 + 11 = ___	46 + 44 = ___	51 + 38 = ___
35 + 24 = ___	68 + 10 = ___	47 + 44 = ___	52 + 38 = ___

(3) Immer zwei Rechnungen haben das gleiche Ergebnis. Verbinde.

a)		b)	
54 + 27 = ___	25 + 30 = ___	45 + 37 = ___	50 + 15 = ___
66 + 16 = ___	51 + 30 = ___	48 + 17 = ___	40 + 13 = ___
17 + 38 = ___	62 + 20 = ___	37 + 16 = ___	50 + 32 = ___

(4) Ergänze die fehlenden Zahlen so, dass immer 2 Rechnungen das gleiche Ergebnis haben. Verbinde.

a)		b)	
40 + 8 = 48	38 + 10 = 48	60 + 36 = ___	28 + ___ = ___
62 + 16 = ___	35 + ___ = ___	12 + 19 = ___	93 + ___ = ___
24 + 25 = ___	71 + ___ = ___	33 + 17 = ___	45 + ___ = ___

Übung macht den Meister (−)

MB S. 60/61

(1) Rechne nur die Aufgaben, bei denen der Zehner „geknackt“ wird.

a)	b)	c)	d)
45 – 38 = ___	96 – 83 = ___	33 – 26 = ___	76 – 69 = ___
84 – 62 = ___	72 – 65 = ___	96 – 89 = ___	58 – 41 = ___
42 – 28 = ___	59 – 26 = ___	45 – 39 = ___	83 – 59 = ___
41 – 33 = ___	51 – 37 = ___	34 – 16 = ___	38 – 27 = ___

(2) Ergänze die fehlenden Zahlen so, dass immer 2 Rechnungen das gleiche Ergebnis haben.

a)

40 – 8 = 32	62 – 30 = 32
32 – 15 = ___	92 – ___ = ___
88 – 13 = ___	27 – ___ = ___

b)

100 – 16 = ___	36 – ___ = ___
75 – 26 = ___	93 – ___ = ___
29 – 17 = ___	56 – ___ = ___

(3) a) Ergänze die fehlenden Zahlen.

oben: 78	oben: 63	oben: 82	oben: 99
Mitte: 64, ___	Mitte: 21, ___	Mitte: 52, ___	Mitte: ___, 28
unten: ___, 12, ___	unten: 13, ___, ___	unten: ___, ___, 18	unten: ___, 20, ___

b) Knobelmauern.

oben: 76	oben: 85	oben: 100	oben: 99
Mitte: ___, ___	Mitte: ___, ___	Mitte: ___, ___	Mitte: ___, ___
unten: 23, ___, 13	unten: 13, ___, 30	unten: 64, ___, 18	unten: 90, ___, 7

Bist du fit? ②

① Rechne auf deinem Weg.

27 + 38 = ___	65 + 27 = ___	24 + 59 = ___
52 + 19 = ___	23 + 57 = ___	64 + 28 = ___
43 − 25 = ___	82 − 66 = ___	77 − 53 = ___
43 − 22 = ___	53 − 29 = ___	72 − 27 = ___

② Rechne und finde die letzte Aufgabe.

48 + 2 = ___	23 + 18 = ___	75 − 6 = ___	33 − 15 = ___
47 + 3 = ___	24 + 18 = ___	74 − 7 = ___	44 − 16 = ___
46 + 4 = ___	25 + 18 = ___	73 − 8 = ___	55 − 17 = ___
___ + ___ = ___	___ + ___ = ___	___ − ___ = ___	___ − ___ = ___

③ Zahlenmauern.

		★
oben: 98	oben: 99	oben: 100
Mitte: 41, ___	Mitte: ___, 54	Mitte: ___, ___
unten: ___, 24, ___	unten: 32, ___, ___	unten: 17, ___, 31

① Verbinde und rechne.

Simsala und Bim backen Lebkuchen.
Simsala formt 20, Bim 16.
Eulalia bringt noch 18 Lebkuchen mit.

Wie viele Lebkuchen haben Simsala und Bim zusammen?	Wie viele Lebkuchen bringt Eulalia mit?	Wie viele Lebkuchen haben Simsala, Bim und Eulalia insgesamt?

36 + 18 = ___	20 + 16 = ___	20 + 16 + 18 = ___	18

② a) Streiche die Sätze und Wörter weg, die du zum Rechnen nicht brauchst.

Simsala sitzt am Fensterbrett.
Sie zaubert aus ihrem Zauberhut 100 Nüsse.
Danach ruht sie sich aus.
Dann schenkt sie Bim 25 Nüsse.
Eulalia gibt sie ebenfalls 25 Nüsse.
Nun isst Simsala noch 6 Nüsse auf.
Danach legt sie sich ins Bett.

b) Bei welchen Fragen musst du rechnen?
Färbe sie. Verbinde sie mit der passenden Rechnung.

Wie viele Nüsse schenkt Simsala Eulalia?	Wie viele Nüsse verschenkt Simsala insgesamt?	Wie viele Nüsse zaubert Simsala aus dem Hut?	Wie viele Nüsse nimmt Simsala insgesamt weg?

___	25 + 25 + 6 = ___	25 + 25 = ___	___

Zum Überlegen: Zwei Fragen sind nicht gefärbt.
Erkläre: Warum brauchst du hier keine Rechnung?

c) Wie viele Nüsse hat Simsala noch übrig?
Rechne und antworte.

Im Kalender ①

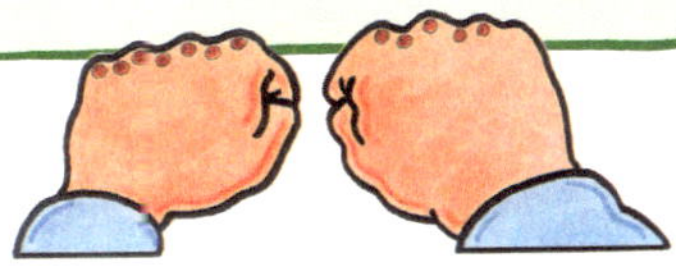

① Richtig oder falsch?

	r	f
a) Der November hat mehr Tage als der Juni.	◯	◯
b) Der März hat genauso viele Tage wie der Mai.	◯	◯
c) Der September hat weniger Tage als der Januar.	◯	◯
d) Der kürzeste Monat ist der Februar.	◯	◯
e) Alle Monate, die mit M beginnen, haben 31 Tage.	◯	◯

② Verbinde.

10.04.11	31. Dezember 2011
10.05.11	10. April 2011
31.12.11	10. Mai 2011
13.02.11	13. Februar 2011

③ Ergänze die fehlenden Angaben.
Finde weitere "besondere" Tage in diesem Jahr.

Festtage / wichtige Ereignisse	Wochentag	Datum
Mein Geburtstag		
Beginn der Sommerferien		
Tag der deutschen Einheit		
1. Weihnachtstag		
		6. Dezember
		31. Dezember

① Schreibe alle Sonntage im Februar 2011 auf.

Februar 2011						
Mo	Di	Mi	Do	Fr	Sa	So
	1	2	3	4	5	6
7	8	9	10	11	12	13
14	15	16	17	18	19	20
21	22	23	24	25	26	27
28						

______ ______ ______ ______

② Welcher Wochentag ist das?

3.2. ______ 12.2. ______

25.2. ______ 28.2. ______

③ Jeden Mittwoch haben Simsala und Bim Zauberkurs.
Schreibe das jeweilige Datum zu den Tagen auf.

______ ______ ______ ______

④ Angenommen, heute wäre Sonntag, der 6. Februar. Ergänze die Liste.

vorgestern ______
gestern ______
heute Sonntag, 6. Februar
morgen ______
übermorgen ______

⑤ Simsala hat für Bim Termine notiert.
Übertrage sie in Bims Terminkalender.

FEBRUAR 2011					
1	______	....	15	______	....
2	______	....	16	______	....
3	______	....	17	______	....
4	______	....	18	______	....
5	______	....	19	______	....
6	So	....	20	______	....
7	______	....	21	______	....
8	______	....	22	______	....
9	______	....	23	______	....
10	______	....	24	______	....
11	______	....	25	______	....
12	______	....	26	______	....
13	______	....	27	______	....
14	______	....	28	______	....

Kinder, wie die Zeit vergeht!

① Rätsel

a) Paul ist 45 Jahre jünger als sein Onkel Thomas. Thomas ist 52. Wie alt ist Paul?

R: ______

A: ______

b) Fred ist 12. Er ist doppelt so alt wie Anja und halb so alt wie Emma. Wie alt sind Anja und Emma?

R: ______

A: ______

c) Hanna ist 4 Jahre älter als der 13-jährige Tim. Wie alt ist Hanna?

R: ______

A: ______

☆ ② Was ist hier los?
Verändere die Fragen so, dass du etwas rechnen kannst.

a) Leon hat 8 Sachbücher, 6 Tierbücher und 7 Krimis. Wie alt ist Leo?

F: ______

R: ______

A: ______

b) Nico ist 5 Jahre älter als seine 3-jährige Schwester. Wie heißt die Schwester?

F: ______

R: ______

A: ______

c) Die Zwillinge Susi und Anna sind zusammen 14 Jahre alt. Wie alt ist ihr Bruder?

F: ______

R: ______

A: ______

Geometrische Körper

① Male an.

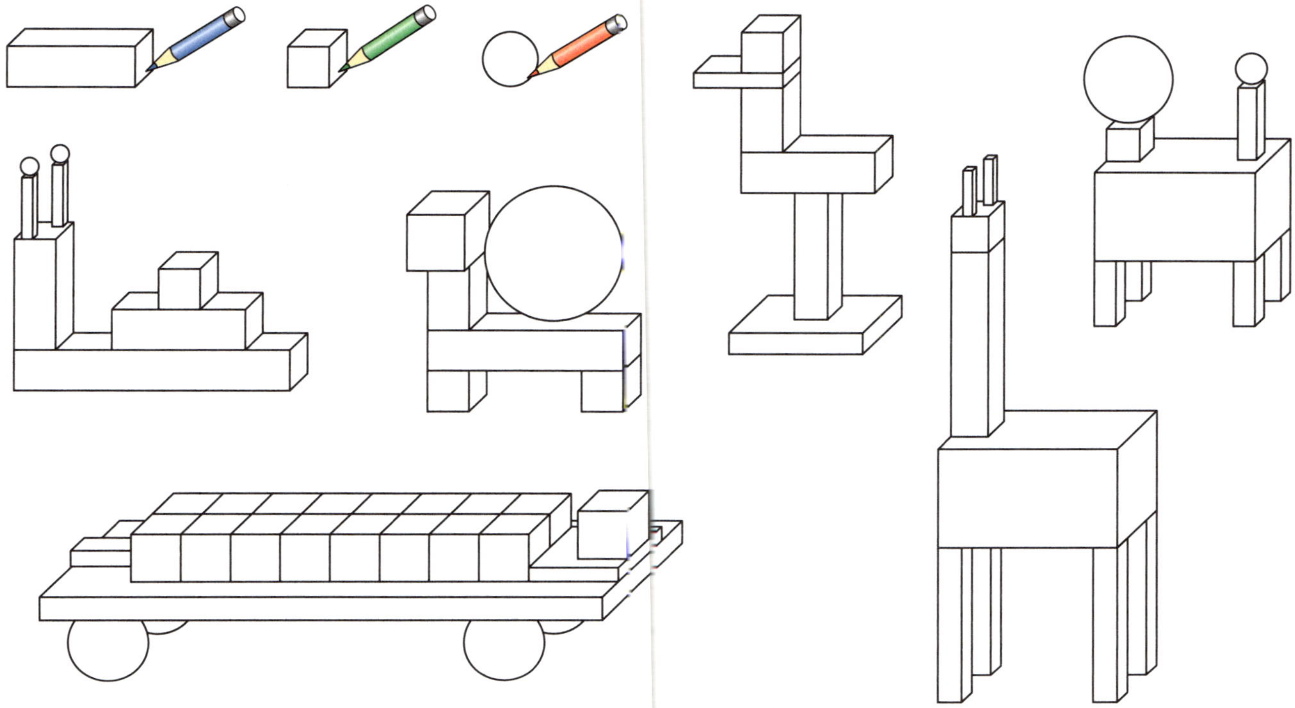

② Aus welchen Körpern sind die Bauwerke gebaut?
Zähle und trage in die Tabelle ein.

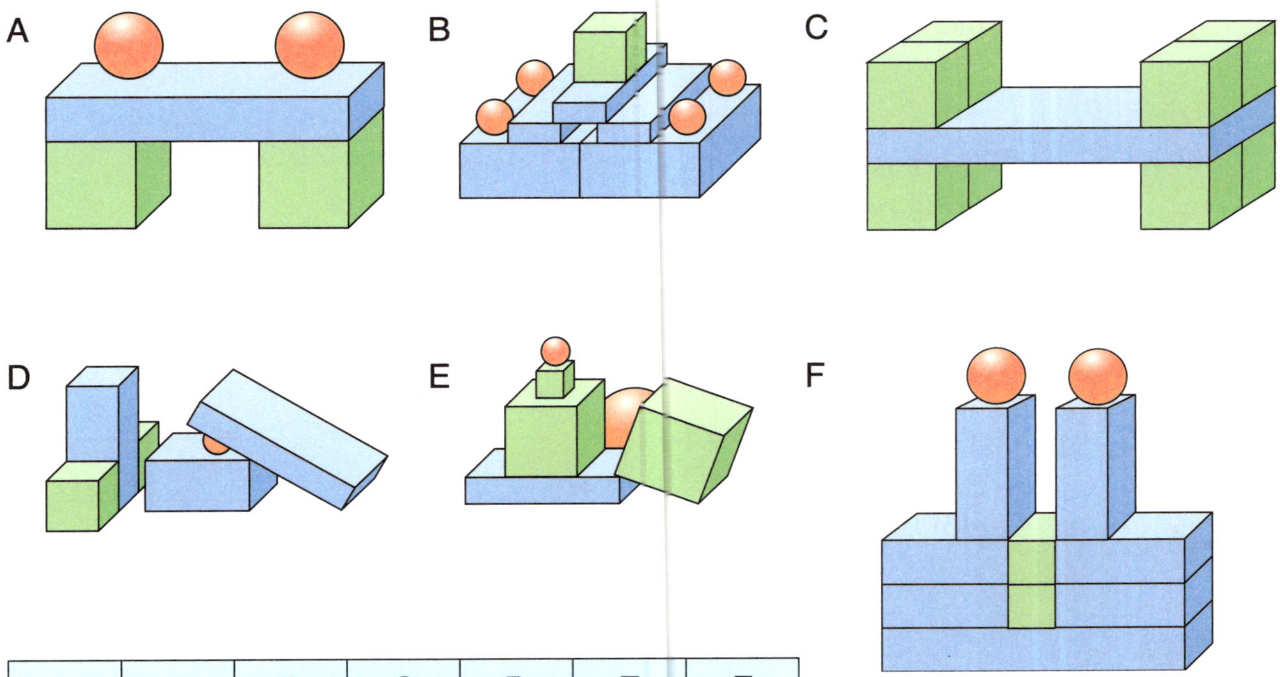

	A	B	C	D	E	F
Kugel	2					
Würfel	2					
Quader						

Würfel, Quader und Kugel

(1) Wie heißen die Körper?

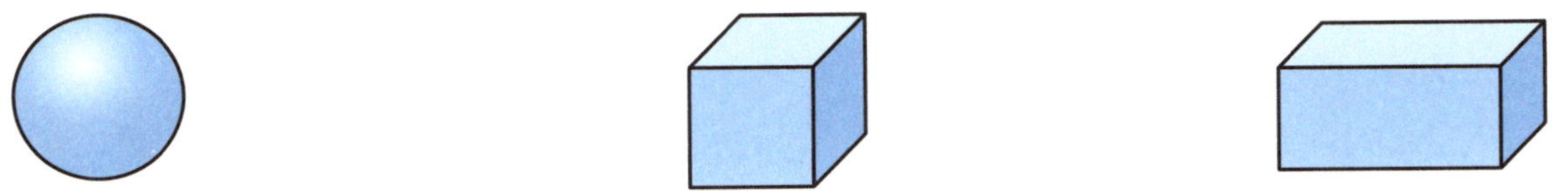

(2) Kreise mit der entsprechenden Farbe ein.

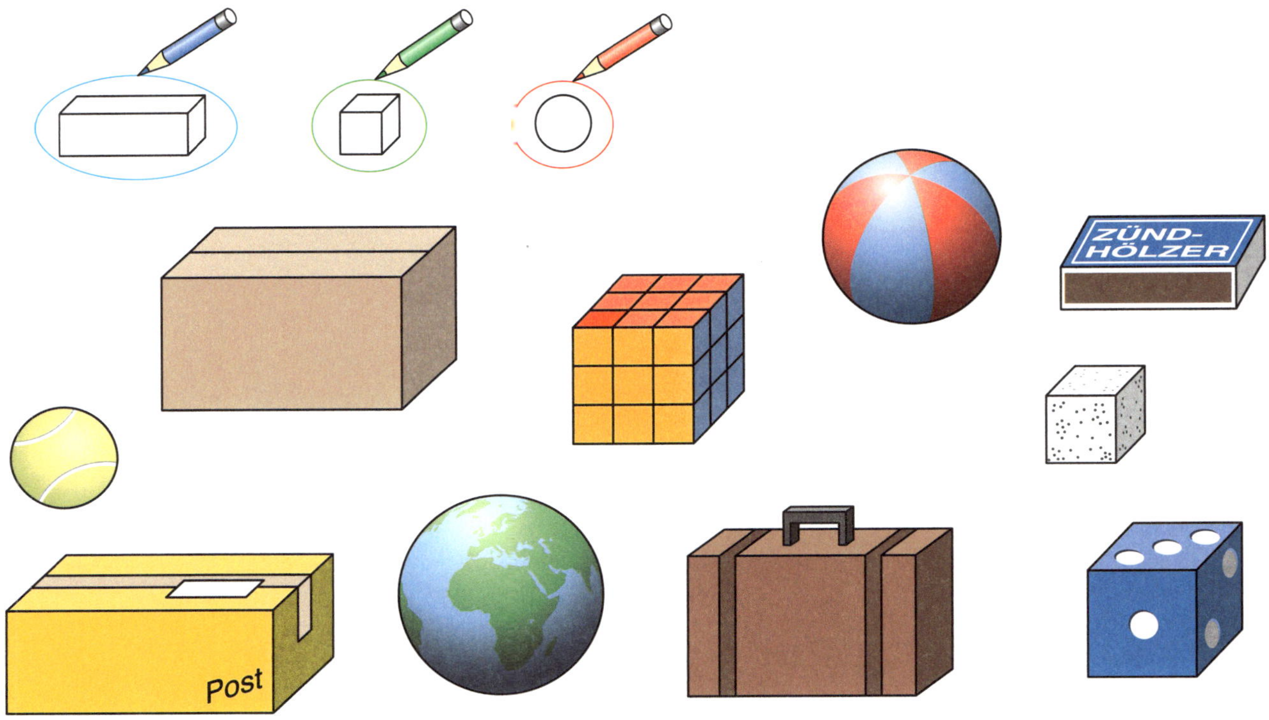

(3) Verbinde Steckbrief, Bild und Namen.

8 Ecken 6 rechteckige Flächen 12 Kanten	8 Ecken 6 quadratische Flächen 12 Kanten	keine Ecken keine Kanten

Quader	Würfel	Kugel

① Zähle das Geld.

a)

___ ct

___ ct

___ ct

___ ct

b)

___ €

___ €

___ €

___ €

② Wie viel Geld ist im Sparschwein?

___ € ___ ct

___ € ___ ct

___ € ___ ct

① In welche Scheine und Münzen kannst du wechseln? Trage ein.

a) 5 € | 5 €

b)

c)

d)

a)

b)

c)

d)

② Welche Münze fehlt auf 1 €?

③ Welcher Schein fehlt auf 50 €?

④ Ergänze.

a) 50 € + 20 € + 10 € + 5 € + 5 € + ___ € = 100 €

b) 50 € + 20 € + 10 € + 10 € + 5 € + ___ € = 100 €

c) 50 € + 20 € + 20 € + 10 € + ___ € = 100 €

① Wie könntest du diese Geldbeträge legen? Finde 2 Möglichkeiten.

Preis	2 €	1 €	50 ct	20 ct	10 ct	5 ct	2 ct	1 ct
4 € 44 ct	2	–	–	–	4	–	2	–
2,86 €								
9,61 €								

② Wie viel Geld bleibt übrig? Zeichne.

gespartes Geld	Wunsch	übriges Geld
50 €	18 €	2 € 20 € ☐
20 €	7 €	
100 €	25 €	
50 €	42 €	

③ Wie viel Geld fehlt?

gespartes Geld	Wunsch	fehlendes Geld
10 € 5 €	22 €	
50 € 20 € 2 € 2 €	80 €	
20 € 5 € 10 € 2 €	61 €	
2 € 1 € 10 ct 20 ct 20 ct	5 €	

Preise mit Komma und Strich

① a) Schreibweisen und Sprechweisen. Verbinde.

b) Ordne die Preise der Größe nach. Beginne mit dem kleinsten Preis.

0,23 € ______ ______ ______ ______ ______ ______

② Wie viel Geld ist es? Trage in die Tabelle ein und schreibe mit Komma.

a) 

b) 

c) 

d) 

e) 

f) 

	Euro Z	Euro E	Cent Z	Cent E	
a)	2	5	5	2	25,52 €
b)					______
c)					______
d)					______
e)					______
f)					______

★ ③ Male gleiche Geldbeträge mit gleicher Farbe an.

522 ct	5,20 €	820 ct	3,23 €	8 € 2 ct	5,22 €
99 ct	9 € 91 ct	9,09 €	9 € 9 ct	9,91 €	0,99 €
502 ct	8,02 €	3 € 23 ct	8 € 20 ct	5 € 20 ct	5 € 2 ct

① Wie viel Euro hat jedes Kind?

Agata  ______

 Johannes ______

② Wie viel fehlt?

75 € + ____ € = 100 €   2,00 € + ____ € = 10 €   93 ct + ____ ct = 1 €

7 € + ____ € = 100 €   5,50 € + ____ € = 10 €   1 ct + ____ ct = 1 €

③

Preis	gegeben	Rückgeld
31 €		______
7 € 50 ct		______
16 €		______
5 € 15 ct		______

④ Zwei Tage vorher: Welches Datum war da? Schreibe auf.

a) [ ] Januar 1 Samstag

b) [ ] März 2 Donnerstag

⑤ a) Tom ist 6 Jahre alt.
Seine Schwester Lea ist halb so alt wie er.
Sein Bruder Andreas ist doppelt so alt wie er.
Wie alt sind Lea und Andreas?

Lea: ______ Jahre

Andreas: ______ Jahre

b) Paulina ist 4 Jahre jünger als ihr Bruder Max.
Max ist 9 Jahre alt und 2 Jahre älter als Anna.
Wie alt sind Paulina und Anna?

Paulina: ______ Jahre

Anna: ______ Jahre

(1) Immer 3 Bilder passen zusammen. Rahme mit der gleichen Farbe ein.

5 + 5 = ___

2 + 2 + 2 = ___

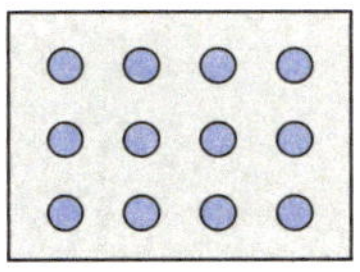

2 · 5 = ___

4 · 4 = ___

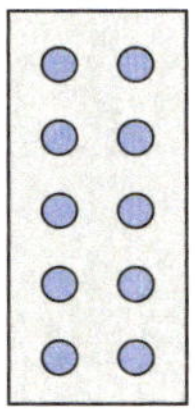

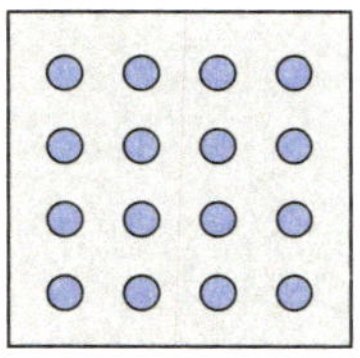

4 + 4 + 4 + 4 = ___

3 · 2 = ___

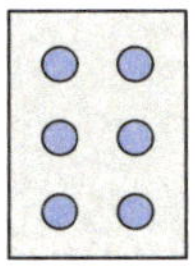

3 + 3 + 3 + 3 = ___

4 · 3 = ___

(2) Male zur Geschichte. Schreibe Plus- und Malrechnungen auf.

a) Bim geht 4-mal zum Birnbaum.
Er holt sich jedes Mal 2 Birnen.
Wie viele Birnen sind das?

2 + ___ + ___ + ___ = ___

4 · ___ = ___

b) Simsala geht 3-mal in den Garten.
Sie holt jedes Mal 6 Rüben.
Wie viele Rüben sind das?

___ + ___ + ___ = ___

___ · ___ = ___

(3) Schreibe Plus- und Malaufgaben auf. Rechne.

a) 

4 + 4 + 4 = ___

___ · ___ = ___

b) 

___ + ___ + ___ + ___ = ___

___ · ___ = ___

c) 

___ + ___ + ___ + ___ + ___ = ___

___ · ___ = ___

d) 

___ + ___ = ___

___ · ___ = ___

Malaufgaben im Hunderterfeld

MB S. 86/87

① Welche Aufgaben passen zu den Bildern? Verbinde und rechne.

4 · 3 = ___ 4 · 4 = ___ 5 · 2 = ___

2 · 5 = ___ 3 · 4 = ___ 5 · 1 = ___ 1 · 5 = ___

② Schreibe Aufgabe und Tauschaufgabe auf.

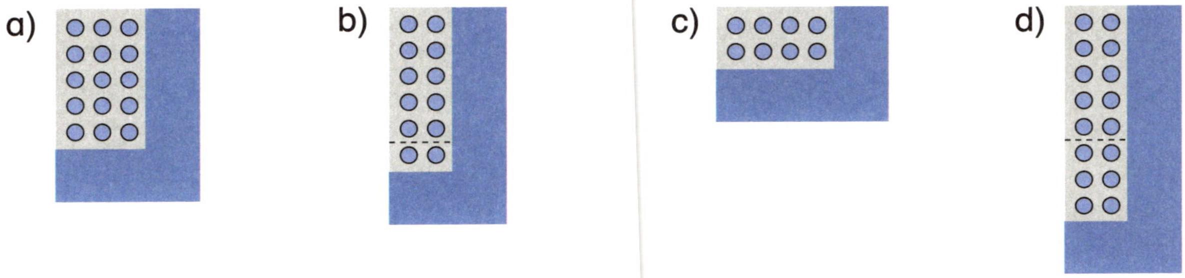

a) 3 · 5 = ___
5 · 3 = ___

b) ___ · ___ = ___
___ · ___ = ___

c) ___ · ___ = ___
___ · ___ = ___

d) ___ · ___ = ___
___ · ___ = ___

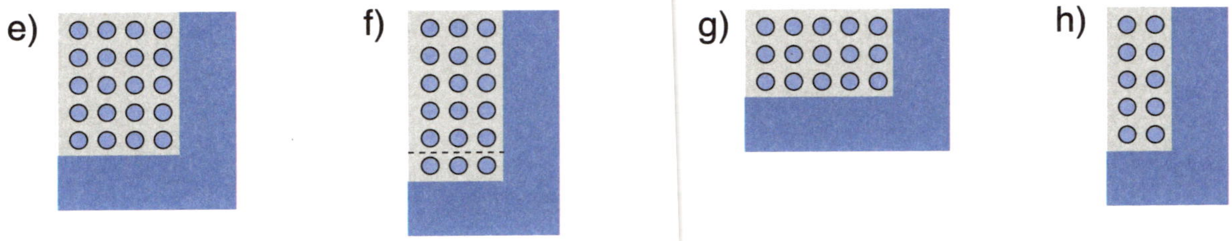

e) ___ · ___ = ___
___ · ___ = ___

f) ___ · ___ = ___
___ · ___ = ___

g) ___ · ___ = ___
___ · ___ = ___

h) ___ · ___ = ___
___ · ___ = ___

③ Ergebnisse, die du dir merken solltest.

a) 7 · 7, 6 · 6, 3 · 3 — 9, 49, 36

b) 8 · 8, 4 · 4, 9 · 9 — 16, 64, 81

c) 5 · 5, 10 · 10, 2 · 2 — 4, 100, 25

Quadrataufgaben verändern

1 Wie heißen die veränderten Aufgaben?
Beginne mit der mittleren Aufgabe.

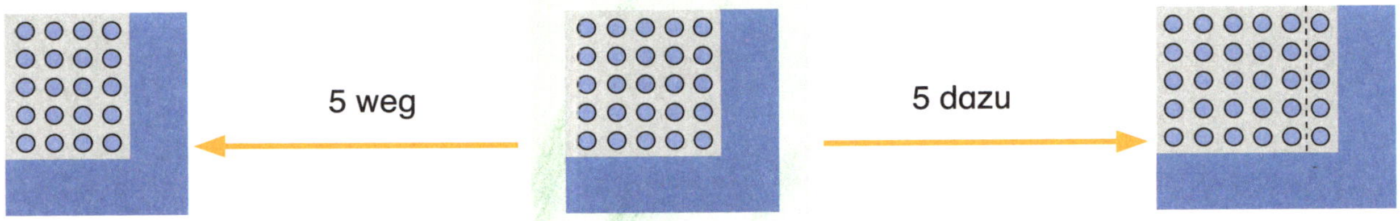

5 · 4 = ____ oder 4 · 5 = ____   5 · 5 = ____   ____ oder ____

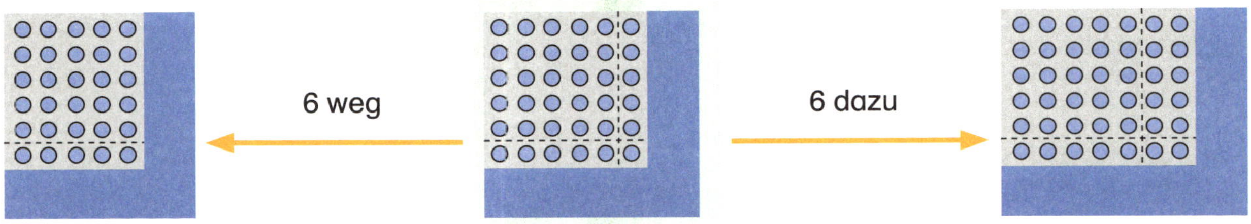

____ oder ____   6 · 6 = ____   ____ oder ____

2 Verändere die Quadrataufgaben.

a) eine Reihe dazu:

5 · 5 = ____	4 · 4 = ____	7 · 7 = ____	9 · 9 = ____	3 · 3 = ____
6 · __ = ____	__ · __ = ____	__ · __ = ____	__ · __ = ____	4 · 3 = ____

b) eine Reihe weg:

8 · 8 = ____	10 · 10 = ____	9 · 9 = ____	4 · 4 = ____	7 · 7 = ____
7 · 8 = ____	9 · 10 = ____	__ · __ = ____	__ · __ = ____	__ · __ = ____

3 Welche Quadrataufgabe hilft? Verbinde Aufgabe und Nachbaraufgabe.

a)

6 · 5 = ____	5 · 5 = ____
3 · 4 = ____	7 · 7 = ____
8 · 7 = ____	4 · 4 = ____
8 · 9 = ____	9 · 9 = ____

b)

9 · 10 = ____	3 · 3 = ____
2 · 3 = ____	6 · 6 = ____
7 · 8 = ____	10 · 10 = ____
7 · 6 = ____	8 · 8 = ____

(1) Verbinde Plus- und Malaufgabe.

a)

9 + 9 = ___	2 · 4 = ___
6 + 6 = ___	2 · 9 = ___
4 + 4 = ___	2 · 6 = ___
5 + 5 = ___	2 · 5 = ___

b)

3 + 3 = ___	2 · 10 = ___
8 + 8 = ___	2 · 8 = ___
7 + 7 = ___	2 · 3 = ___
10 + 10 = ___	2 · 7 = ___

(2) Nachbaraufgaben

a) 6 · 2 = ___	b) 8 · 2 = ___	c) 1 · 6 = ___	d) 1 · 10 = ___
7 · 2 = ___	9 · 2 = ___	2 · 6 = ___	2 · 10 = ___
8 · 2 = ___	10 · 2 = ___	3 · 6 = ___	3 · 10 = ___
e) 4 · 2 = ___	f) 1 · 7 = ___	g) 7 · 2 = ___	h) 1 · 4 = ___
5 · 2 = ___	2 · 7 = ___	8 · 2 = ___	2 · 4 = ___
6 · 2 = ___	3 · 7 = ___	9 · 2 = ___	3 · 4 = ___

(3) Welche Malaufgabe mit 2 hilft?

a) 3 · 5 = ___	b) 3 · 8 = ___	c) 3 · 7 = ___
2 · 5 = ___	2 · ___ = ___	___ · ___ = ___
d) 3 · 4 = ___	e) 3 · 9 = ___	f) 3 · 6 = ___
___ · ___ = ___	___ · ___ = ___	___ · ___ = ___

☆ (4) Kreise immer eine Aufgabe, ihre Tauschaufgabe und das Ergebnis in der gleichen Farbe ein.

2 · 0, 2 · 7, 2 · 6, 2 · 8, 2 · 9, 6 · 2, 2 · 2, 1 · 2, 2 · 3, 2 · 1, 4 · 2, 2 · 5, 2 · 10, 8 · 2, 7 · 2, 5 · 2, 9 · 2, 10 · 2, 2 · 4, 3 · 2, 0 · 2, 2 · 2

Malaufgaben mit 10

① Malaufgaben mit 10 rechnen.

1 · 10 = ___	7 · 10 = ___	10 · 9 = ___	10 · 10 = ___
3 · 10 = ___	6 · 10 = ___	10 · 8 = ___	10 · 2 = ___
5 · 10 = ___	4 · 10 = ___	10 · 7 = ___	10 · 0 = ___

② Malaufgaben mit 10 verändern.

a)

10 · 5 = ___	10 · 9 = ___	10 · 7 = ___	10 · 2 = ___	10 · 3 = ___
9 · 5 = ___	9 · 9 = ___	9 · 7 = ___	9 · 2 = ___	9 · 3 = ___

b)

10 · 6 = ___	10 · 10 = ___	10 · 4 = ___	10 · 8 = ___
9 · 6 = ___	9 · 10 = ___	9 · 4 = ___	9 · 8 = ___

③ Die Nachbaraufgabe mit 10 hilft. Schreibe auf und rechne zuerst.

9 · 8 = ___	9 · 6 = ___	9 · 7 = ___	9 · 4 = ___	9 · 3 = ___
10 · 8 =	__ · __ = ___	__ · __ = ___	__ · __ = ___	__ · __ = ___

④ Welche Bälle gehören in welchen Korb? Verbinde.

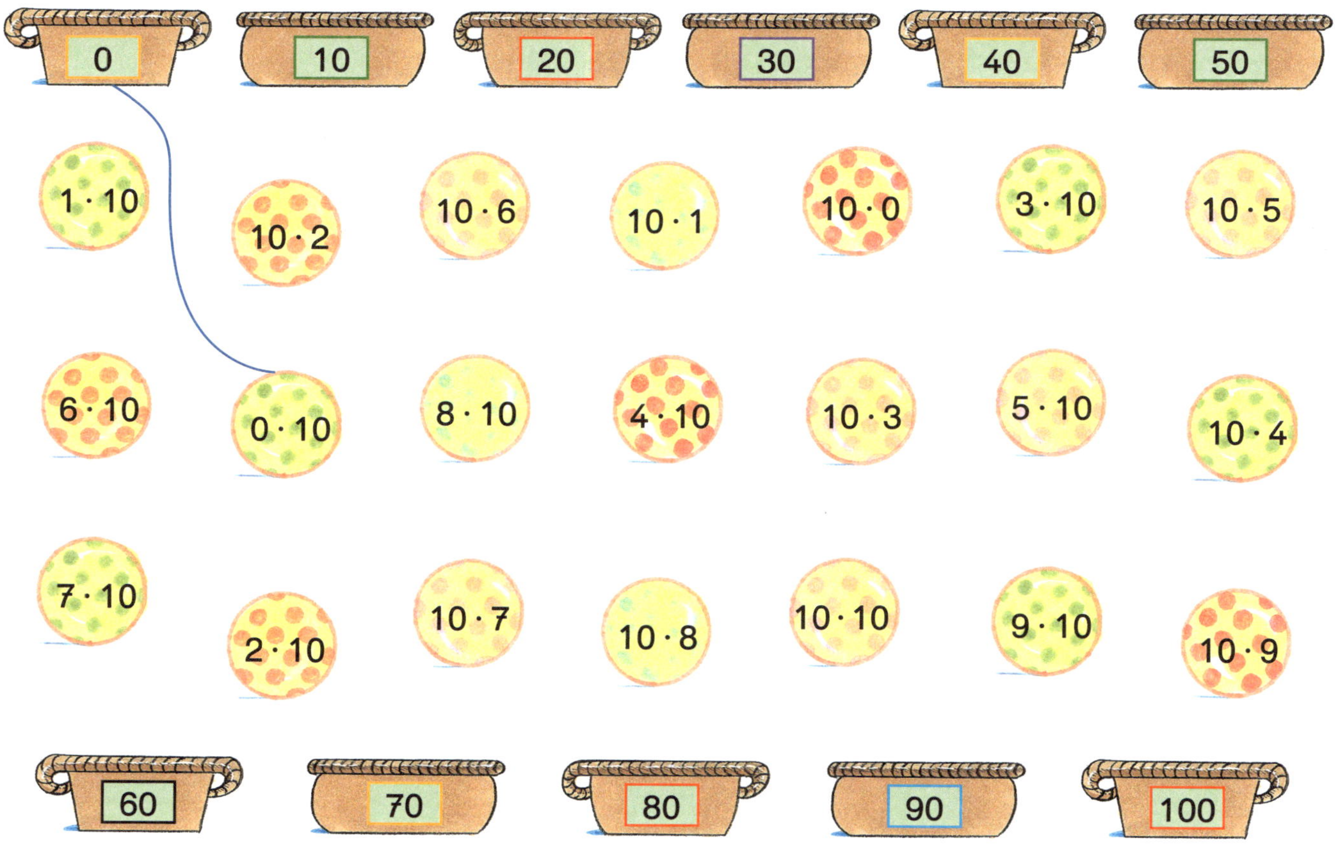

Malaufgaben mit 5

MB S. 93

1 Das Doppelte – die Hälfte. Suche zu jeder (·10)-Aufgabe die passende (·5)-Aufgabe. Verbinde und rechne.

a)

3 · 10 = ___	5 · 5 = ___
5 · 10 = ___	4 · 5 = ___
4 · 10 = ___	3 · 5 = ___

b)

9 · 10 = ___	6 · 5 = ___
8 · 10 = ___	9 · 5 = ___
6 · 10 = ___	8 · 5 = ___

2 Rechne aus.

a) 2 · 5 = ___	b) 6 · 5 = ___	c) 1 · 5 = ___	d) 9 · 5 = ___
4 · 5 = ___	5 · 5 = ___	8 · 5 = ___	0 · 5 = ___
3 · 5 = ___	10 · 5 = ___	7 · 5 = ___	1 · 5 = ___

3 Nachbaraufgaben

a) 5 · 5 = ___	b) 8 · 5 = ___	c) 2 · 5 = ___
6 · 5 = ___	9 · 5 = ___	3 · 5 = ___
7 · 5 = ___	10 · 5 = ___	4 · 5 = ___

4 Schreibe Malaufgaben zu diesen Ergebnissen auf.

20
- 2 · 10 = 20
- 10 · 2 = 20
- ___ · ___ = 20
- ___ · ___ = 20

40
- ___ · ___ = ___
- ___ · ___ = ___
- ___ · ___ = ___
- ___ · ___ = ___

30
- ___ · ___ = ___
- ___ · ___ = ___
- ___ · ___ = ___
- ___ · ___ = ___

45
- ___ · ___ = ___
- ___ · ___ = ___
- ___ · ___ = ___
- ___ · ___ = ___

Einmaleinstraining ①

1 Kernaufgaben aus der Einmaleinstabelle

a)

· 2	2 ·
1 · 2 = ___	2 · 1 = ___
2 · 2 = ___	2 · 2 = ___
3 · 2 = ___	2 · ___ = ___
4 · 2 = ___	
5 · 2 = ___	
6 · 2 = ___	
7 · 2 = ___	
8 · 2 = ___	
9 · 2 = ___	
10 · 2 = ___	

· 5	5 ·
1 · 5 = ___	5 · 1 = ___
2 · 5 = ___	5 · 2 = ___
3 · 5 = ___	5 · ___ = ___
4 · 5 = ___	
5 · 5 = ___	
6 · 5 = ___	
7 · 5 = ___	
8 · 5 = ___	
9 · 5 = ___	
10 · 5 = ___	

· 10	10 ·
1 · 10 = ___	10 · 1 = ___
2 · 10 = ___	10 · 2 = ___
3 · 10 = ___	10 · ___ = ___
4 · 10 = ___	
5 · 10 = ___	
6 · 10 = ___	
7 · 10 = ___	
8 · 10 = ___	
9 · 10 = ___	
10 · 10 = ___	

Quadrataufgaben	
1 · 1 = ___	
2 · 2 = ___	
3 · 3 = ___	
4 · 4 = ___	
5 · 5 = ___	
6 · 6 = ___	
7 · 7 = ___	
8 · 8 = ___	
9 · 9 = ___	
10 · 10 = ___	

b) Suche alle blauen Aufgaben. Schreibe sie auf.

___ ___ ___ ___ ___ ___

Suche alle grünen Aufgaben. Schreibe sie auf.

___ ___ ___ ___ ___ ___

c) Suche Aufgaben mit dem Ergebnis …

(30): 6 · 5 ___ ___ ___

(40): ___ ___ ___ ___

(20): ___ ___ ___ ___

Einmaleinstraining ②

1 Immer das Doppelte

4 · 2 = ___	5 · 2 = ___	6 · 2 = ___	2 · 7 = ___
4 · 4 = ___	5 · 4 = ___	6 · 4 = ___	4 · 7 = ___
4 · 8 = ___	5 · 8 = ___	6 · 8 = ___	8 · 7 = ___
7 · 5 = ___	8 · 5 = ___	4 · 5 = ___	5 · 3 = ___
7 · 10 = ___	8 · 10 = ___	4 · 10 = ___	10 · 3 = ___

2 Kernaufgaben zusammenbauen

Ich baue 7 · 4 aus 5 · 4 und 2 · 4.

4 · 6 = ___	___	___
2 · 6 = ___ 2 · 6 = ___	5 · 8 = ___ 2 · 8 = ___	5 · 4 = ___ 2 · 4 = ___
___	___	___
3 · 3 = ___ 5 · 3 = ___	5 · 9 = ___ 2 · 9 = ___	2 · 6 = ___ 5 · 6 = ___

3 Aus der Einmaleinstabelle

4 · 3 = ___	4 · 4 = ___	4 · 5 = ___	7 · 7 = ___	7 · 8 = ___	7 · 9 = ___
5 · 3 = ___	5 · 4 = ___	5 · 5 = ___	8 · 7 = ___	8 · 8 = ___	8 · 9 = ___
6 · 3 = ___	6 · 4 = ___	6 · 5 = ___	9 · 7 = ___	9 · 8 = ___	9 · 9 = ___
7 · 3 = ___	7 · 4 = ___	7 · 5 = ___	10 · 7 = ___	10 · 8 = ___	10 · 9 = ___

4 Rechne geschickt. Beginne mit der Kernaufgabe.

a) 8 · 3 = ___	b) 5 · 6 = ___	c) 5 · 4 = ___	d) 8 · 8 = ___	e) 7 · 4 = ___
9 · 3 = ___	6 · 6 = ___	6 · 4 = ___	8 · 9 = ___	7 · 5 = ___
10 · 3 = ___	7 · 6 = ___	7 · 4 = ___	8 · 10 = ___	7 · 6 = ___

★ **5** Finde die Fehler und berichtige.

a) 6 · 5 = ~~20~~ 30	3 · 3 = 9 ___	b) 6 · 6 = 36 ___	9 · 9 = 81 ___
5 · 5 = 25 ✓	4 · 3 = 11 ___	7 · 6 = 44 ___	8 · 9 = 72 ___
4 · 5 = 40 ___	5 · 3 = 15 ___	8 · 6 = 48 ___	7 · 9 = 64 ___

Wege auf dem Spielplatz

1. Zeichne und beschreibe die Wege auf dem Spielplatz.

   a) Leon geht zur Brücke. Er geht ____________ und dann ____________.
   Er geht dann ____________ und dann weiter ____________.

   b) Amelie geht zur Holzhütte. Sie ______________________________
   ____

   c) Erkan geht zum Tippi. ______________________________
   ____

2. a) Amelie geht ein Stück geradeaus. Was sieht sie an der nächsten Kreuzung links? Male.

   b) Erkan geht ein Stück geradeaus und biegt dann rechts ab. Was sieht er links? Male.

3. Wo kommen die Kinder an?

   a) Erkan geht ein Stück geradeaus und biegt nach links ab. ____________

   b) Amelie geht geradeaus und biegt dann links ab. Sie geht weiter geradeaus und biegt nochmals links ab. ____________

   c) Leon geht geradeaus, biegt links ab und dann rechts. ____________

① Wie viele Würfel haben diese Treppen?

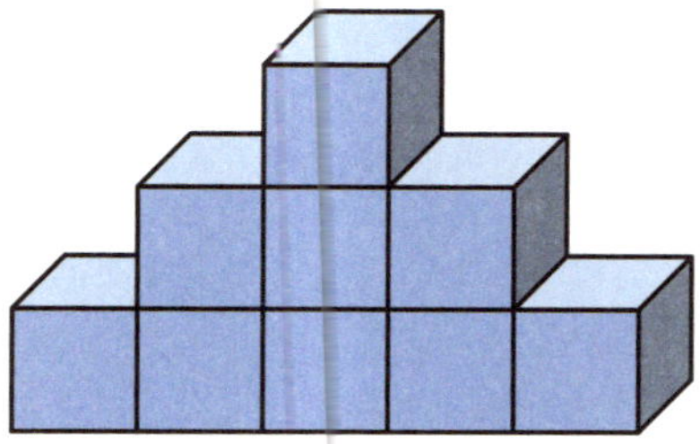

★ Überlege:
Wie sieht die nächste Treppe aus?

___ Würfel ___ Würfel ___ Würfel

② Ergänze die Baupläne.

a)

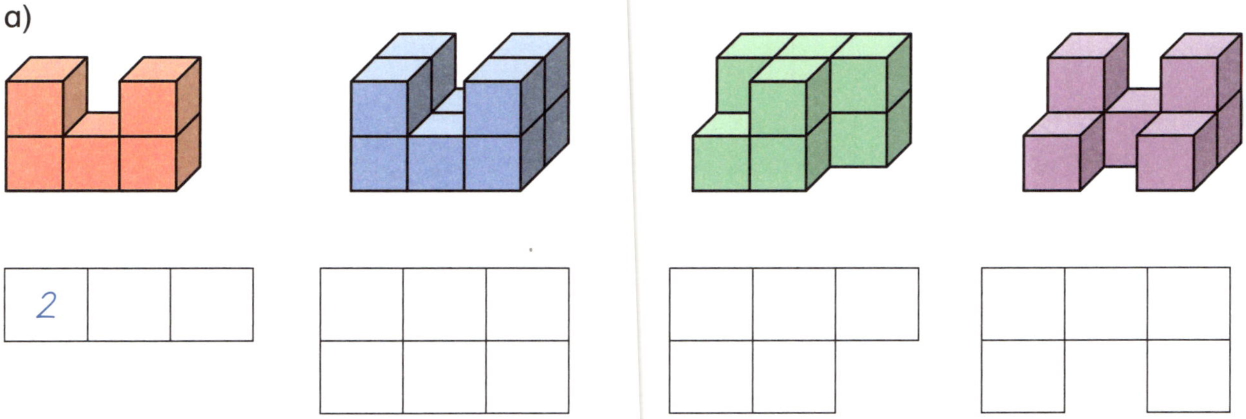

b)

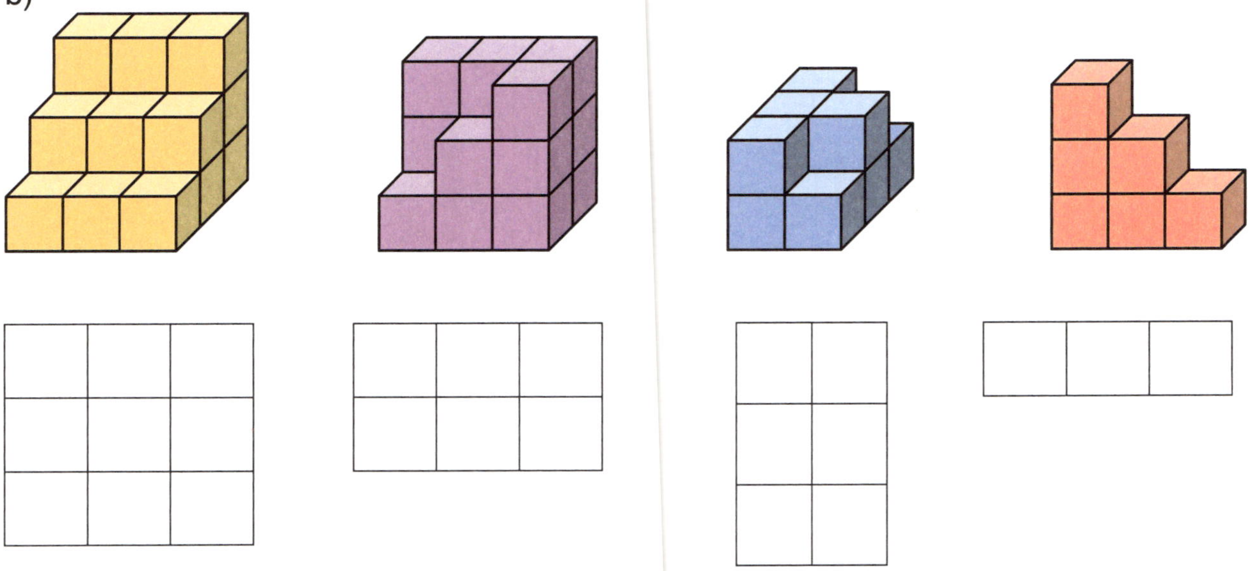

Verteilen

① Teile gerecht. Zeichne ein, wie du teilst.

in 2 Teile

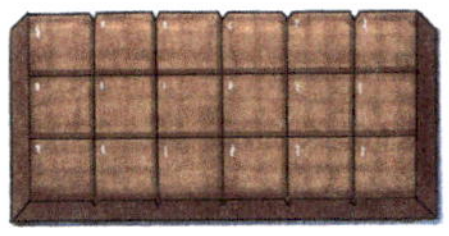
in 6 Teile

in 3 Teile

in 2 Teile

in 4 Teile

② Wie wurde hier geteilt?

18 : 3 = ______   ______   ______   ______

______   ______   ______   ______

③ Teile die Punktefelder. Suche für jede Anzahl verschiedene Möglichkeiten.

a)

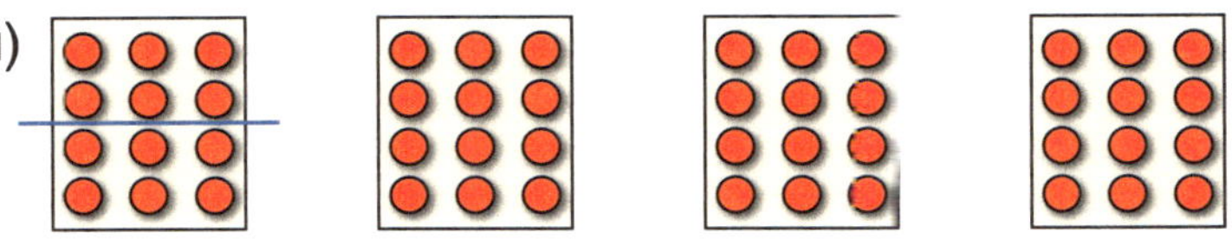

12 : 2 = ______   ______   ______   ______

b)

______   ______

④ Frau Kern hat 36 Kekse gebacken.
„36 Kekse für mich, fein!" 36 : 1 = ____

Da kommt Franz vorbei.
„Ich werde ihm die Hälfte geben!" 36 : 2 = ____

Jetzt kommt noch ihre Tochter Evi.
„Dann teilen wir durch 3." 36 : 3 = ____

Es klingelt, die Nachbarin ist da.
„Nun wird durch 4 geteilt." 36 : 4 = ____

Zum Schluss kommen noch 2 Besucher.
„Jetzt teilen wir durch ____." 36 : __ = ____

1 Fasse zusammen. Immer gleich viele.

17 : 4 = R
· 4 =
+ = 17

10 : 3 = R

2 Immer 12 Steine. Baue Türme. Schreibe die Rechnung auf.

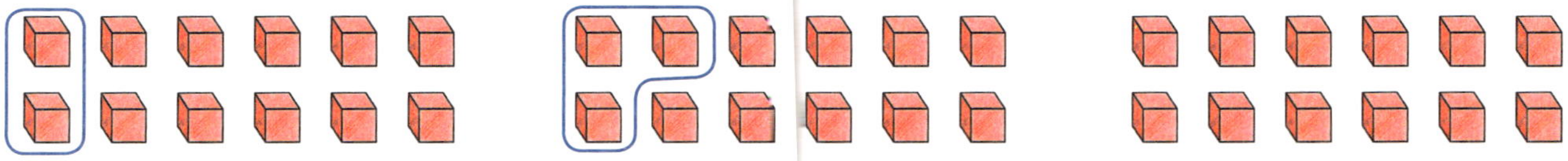

12 : 2 =

12 : 3 =

3 Zeichne 5er-Türme. Wann bleibt etwas übrig?

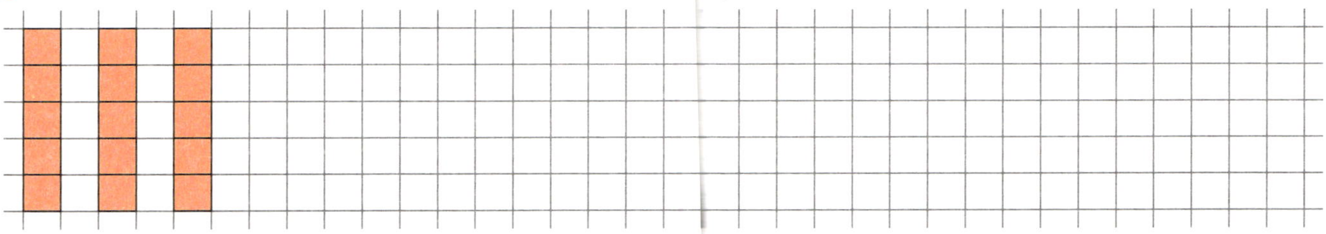

15 : 5 = 3   18 : 5 = ____   23 : 5 = ____   25 : 5 = ____

Malnehmen und Teilen gehören zusammen

1 Färbe Malaufgabe und Geteiltaufgabe, die zusammen gehören, gleich. Rechne.

7 · 2 = ___

45 : 5 = ___

3 · 3 = ___

9 · 9 = ___

9 : 3 = ___

10 : 2 = ___

4 · 10 = ___

5 · 2 = ___

81 : 9 = ___

40 : 10 = ___

9 · 5 = ___

14 : 2 = ___

2 Ein Feld – 2 Malaufgaben, 2 Geteiltaufgaben. Zeichne und rechne.

a) 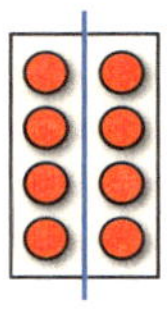

2 · 4 = 8

4 · 2 = ___

8 : 2 = ___

8 : 4 = ___

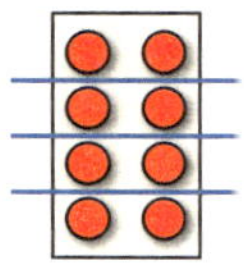

b) 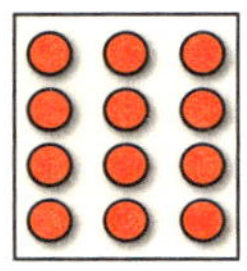

___

___

___

___

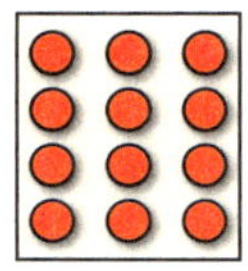

c) 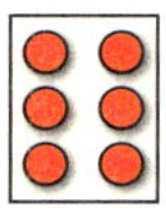

___

___

___

___

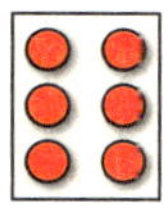

d) 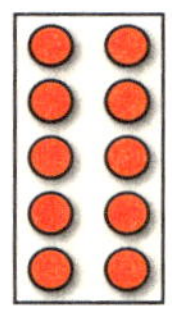

___

___

___

___

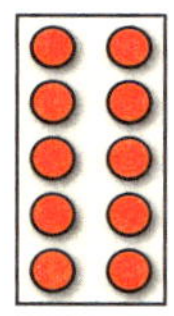

3 Rechne die Malaufgabe und suche die passenden Geteiltaufgaben.

a) 9 · 5 = ___
45 : 5 = ___
45 : 9 = ___

b) 7 · 10 = ___
___
___

c) 8 · 8 = ___
___
___

d) 2 · 5 = ___
___
___

6 · 6 = ___
___
___

10 · 5 = ___
___
___

6 · 2 = ___
___
___

9 · 10 = ___
___
___

4 Rechne. Denke an die Malaufgabe.

a)	b)	c)	d)	e)
16 : 2 = ___	4 : 2 = ___	90 : 10 = ___	80 : 8 = ___	10 : 2 = ___
40 : 8 = ___	12 : 6 = ___	25 : 5 = ___	16 : 4 = ___	60 : 6 = ___
30 : 5 = ___	35 : 7 = ___	20 : 4 = ___	6 : 3 = ___	20 : 5 = ___
9 : 3 = ___	15 : 5 = ___	50 : 5 = ___	18 : 2 = ___	100 : 10 = ___

Drei Zahlen – vier Aufgaben

MB S. 106

① 3 Zahlen – 4 Aufgaben

a) 5 7 35

5 · ___ = ___
7 · ___ = ___
35 : ___ = ___
35 : ___ = ___

b) 70 10 7

c) 2 16 8

d) 9 45 5

e) 4 6 24

f) 80 8 10

② Eine Zahl fehlt. Schreibe alle 4 Aufgaben auf.

6 7 ___

90 9 ___

5 30 ___

③ Finde die passende Malaufgabe. Rechne beide Aufgaben.

a) 40 : 8 = ___ 36 : 6 = ___ 81 : 9 = ___ 45 : 5 = ___

8 · ___ = ___ 6 · ___ = ___ 9 · ___ = ___ 5 · ___ = ___

b) 25 : 5 = ___ 64 : 8 = ___ 49 : 7 = ___ 70 : 10 = ___

5 · ___ = ___ 8 · ___ = ___ 7 · ___ = ___ 10 · ___ = ___

1 Wie heißt die Zauberregel? Schreibe auf und finde weitere Zahlenpaare.

a)

a) ·2

4	8
6	12

b)

6	30
5	25
0	

c)

10	100
6	60
1	

2 Finde Paare zu diesen Zauberregeln.

a) · 1

7	
10	
4	
13	

b) : 2

18	
6	
2	
20	

c) · 0

6	
40	
19	
3	

d) : 5

15	
45	
20	
5	

3 Erste oder zweite Zahl gesucht

a) · 3

	15
	3
	30
	9

b) · 4

	16
	20
3	
9	

c) : 1

	6
	12
	4
	8

d) :10

	10
10	
	8
60	

4 Hier sind Paare von zwei Zauberregeln durcheinander geraten. Ordne.

Mach dir ein Bild vom Malnehmen

MB S.108/109

1 Welche Rechnungen gehören zu welchen Bildern oder Geschichten? Verbinde. Passen alle Rechnungen?

Die Schuhe von Michael, Clara und Maximilian stehen vor der Tür.

Maria hat 3 Deutschhefte und 2 Mathematikhefte.

$3 \cdot 2 =$ ___

$2 \cdot 3 =$ ___

$3 + 2 =$ ___

$3 - 2 =$ ___

2 Schreibe die Rechnungen zu den Bildern auf.

a)

5 Bücher?

___

6 Bücher?

___

b)

6 Autos?

___

5 Autos?

___

c)

Wie viele Tage?

___

6 Wochen – Wie viele Tage?

___

d)

4 Reihen?

___

9 Reihen?

___

3 Malaufgabe gesucht. Färbe sie im Bild und schreibe die Aufgabe in derselben Farbe auf.

___

___

___

___

___

___

___

Mach dir ein Bild vom Teilen

1 Welche Rechnung gehört zum Bild, welche zum Text? Rechne und verbinde.

a) 20 Nüsse werden an 5 Kinder verteilt. Wie viele Nüsse erhält jedes Kind?

20 : 4 = ____

20 : 5 = ____

b)

14 : 2 = ____

14 : 7 = ____

14 Kinder werden in Siebenergruppen aufgeteilt. Wie viele Gruppen sind es?

2 Schreibe die Rechnungen zu den Bildern auf.

a)

Wie viele Bilder?

____

b)

Wie viele Becher für 20 €?

____

c)

Wie viele Luftballons für jedes Kind?

____

d)

In wie vielen Wochen?

____

3 a) Eine Spinne hat 8 Beine.

Wie viele Spinnen sind es, wenn du 24 Beine zählst?

____ Spinnen

Und wenn du 40 Beine zählst?

____ Spinnen

b) Eine Fliege hat 6 Beine.

Wie viele Fliegen sind es, wenn du 24 Beine zählst?

____ Fliegen

Und wenn du 60 Beine zählst?

____ Fliegen

① Welche Aufgaben gehören zu welchem Luftballon? Verbinde.

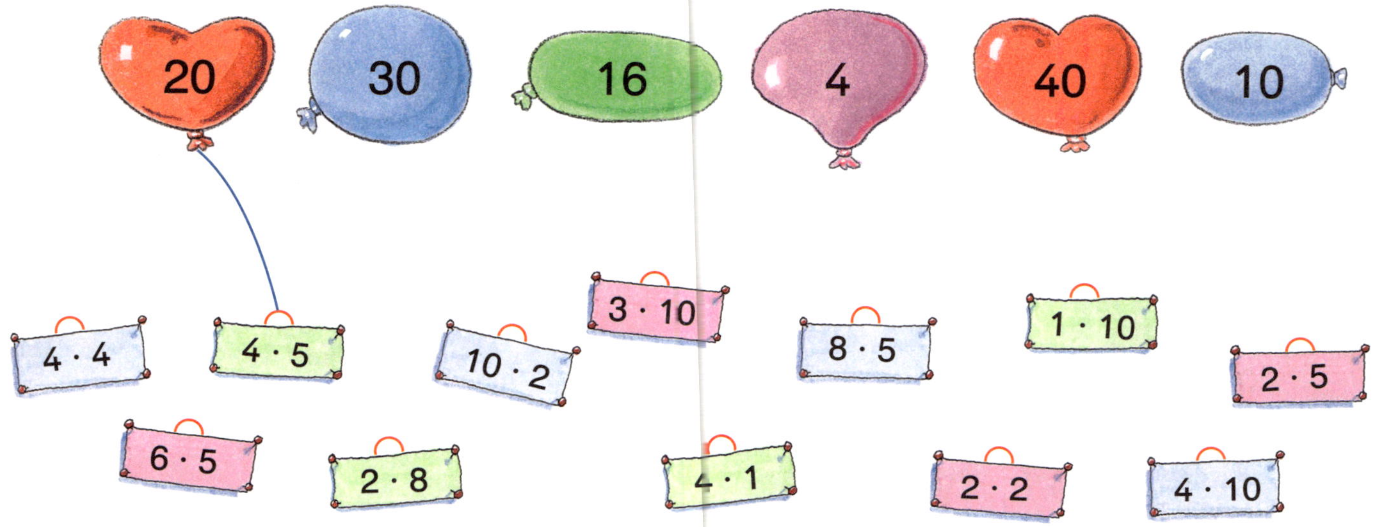

② Löse die Aufgaben durch Zusammenbauen.

6 · 8 = ___
5 · 8 = ___ 1 · 8 = ___

8 · 7 = ___
___ ___

3 · 8 = ___
___ ___

7 · 6 = ___
___ ___

7 · 3 = ___
___ ___

6 · 4 = ___
___ ___

③ Eine Zahl fehlt. Schreibe alle 4 Aufgaben auf.

5 8 [ ]
___ · ___
___ · ___
___ : ___
___ : ___

72 9 [ ]
___
___
___
___

4 32 [ ]
___
___
___
___

④ Welche Geteiltaufgabe und welche Malaufgabe gehören zusammen?
Rechne und male mit der gleichen Farbe aus.

16 : 2 = ___	30 : 10 = ___	20 : 5 = ___	10 : 2 = ___	36 : 6 = ___
3 · ___ = 30	5 · ___ = 10	6 · ___ = 36	8 · ___ = 16	4 · ___ = 20

① Miss die Strecken und trage die Längen ein.

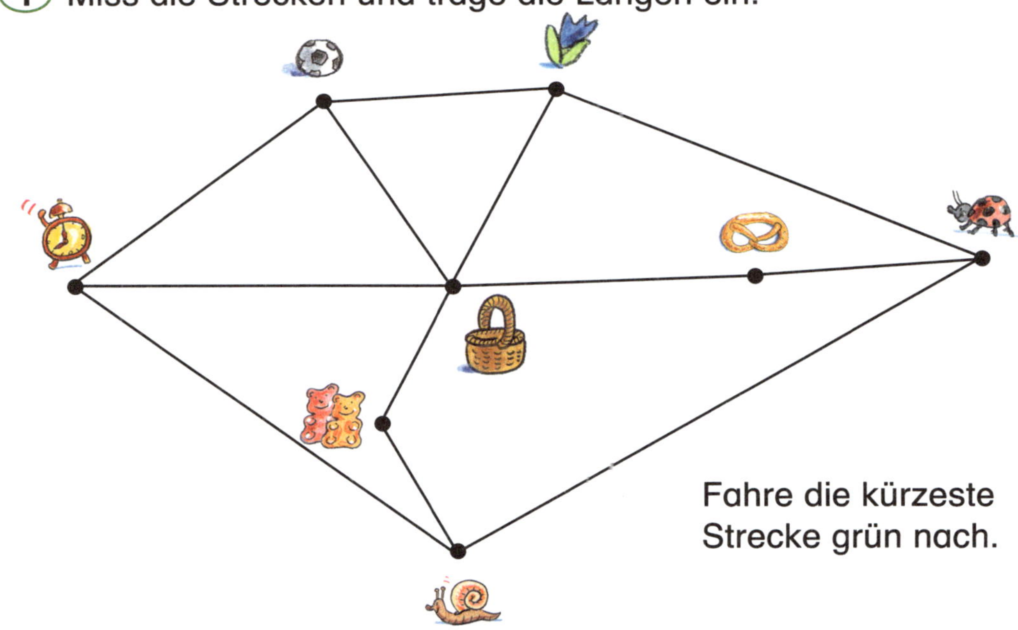

Fahre die kürzeste Strecke grün nach.

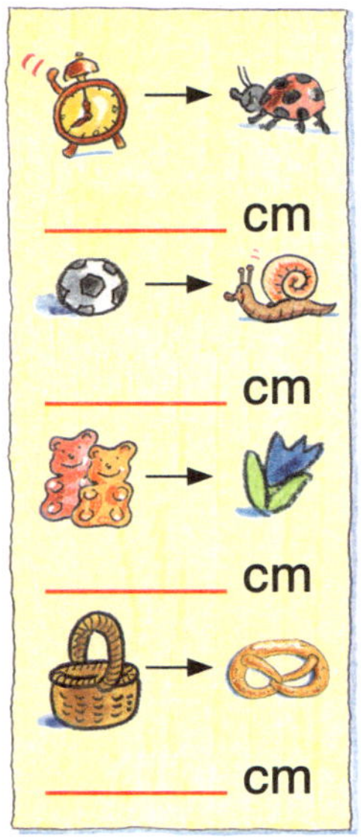

② a) Verbinde die Punkte mit dem Lineal.
A – B – C – A
D – E – F – D
G – H – I – G
J – K – L – J
M – N – P – O – M

b) Färbe die Flächen mit verschiedenen Farben.

c) Miss die Strecken.
$\overline{AB}$: ______ cm
$\overline{AC}$: ______ cm
$\overline{DF}$: ______ cm
$\overline{OP}$: ______ cm

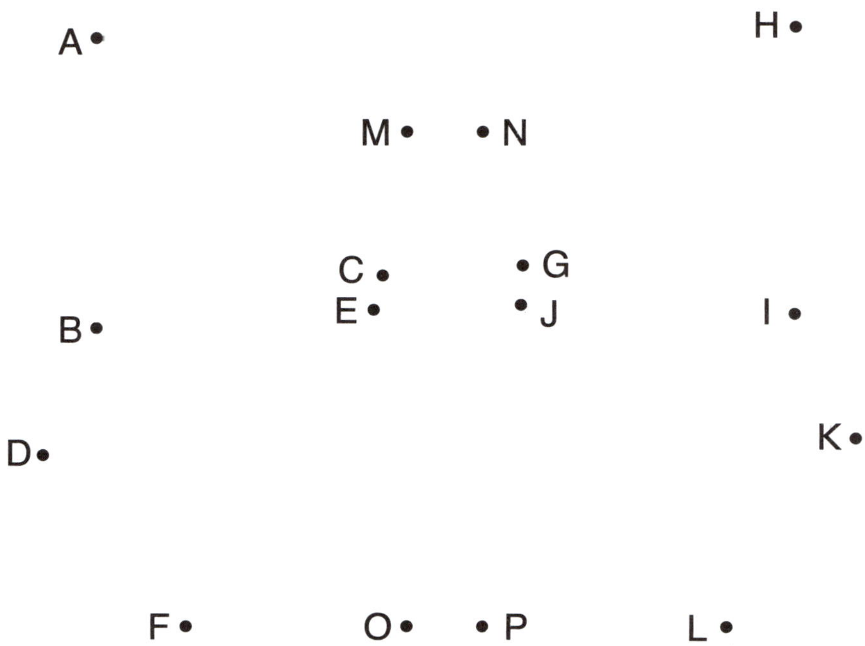

③

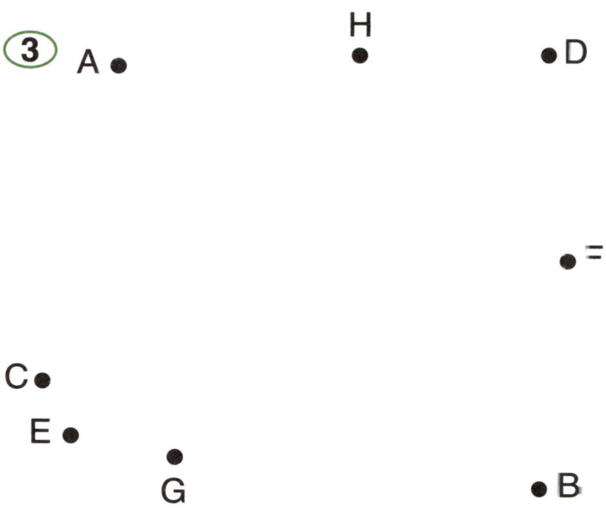

a) Zeichne die Strecken ein und miss die Längen:
$\overline{AB}$: ______ cm $\overline{EF}$: ______ cm
$\overline{CD}$: ______ cm $\overline{GH}$: ______ cm

b) Wie viele Dreiecke sind entstanden? ______

c) Verbinde weitere Punkte so, dass 5 weitere Dreiecke entstehen.

① Schlagball-Weitwurf-Wettkampf

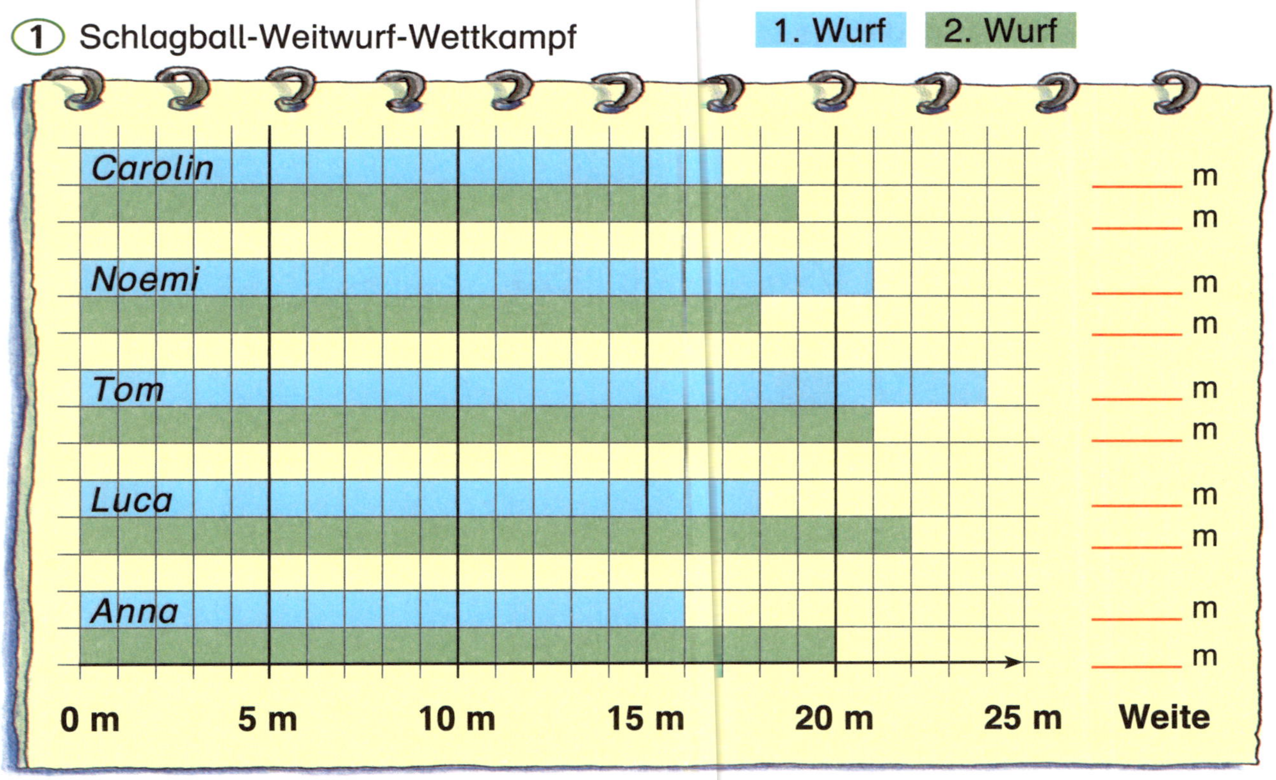

a) Lies aus dem Schaubild die einzelnen Wurfweiten ab. Notiere sie rechts.

b) Rechne bei jedem Teilnehmer beide Würfe zusammen. Wer ist der Sieger? Kreise ein.

Name	Gesamt-Wurfweite
Carolin	17 m + 19 m = ____ m
Noemi	
Tom	
Luca	
Anna	

② Ergänze das Schaubild.

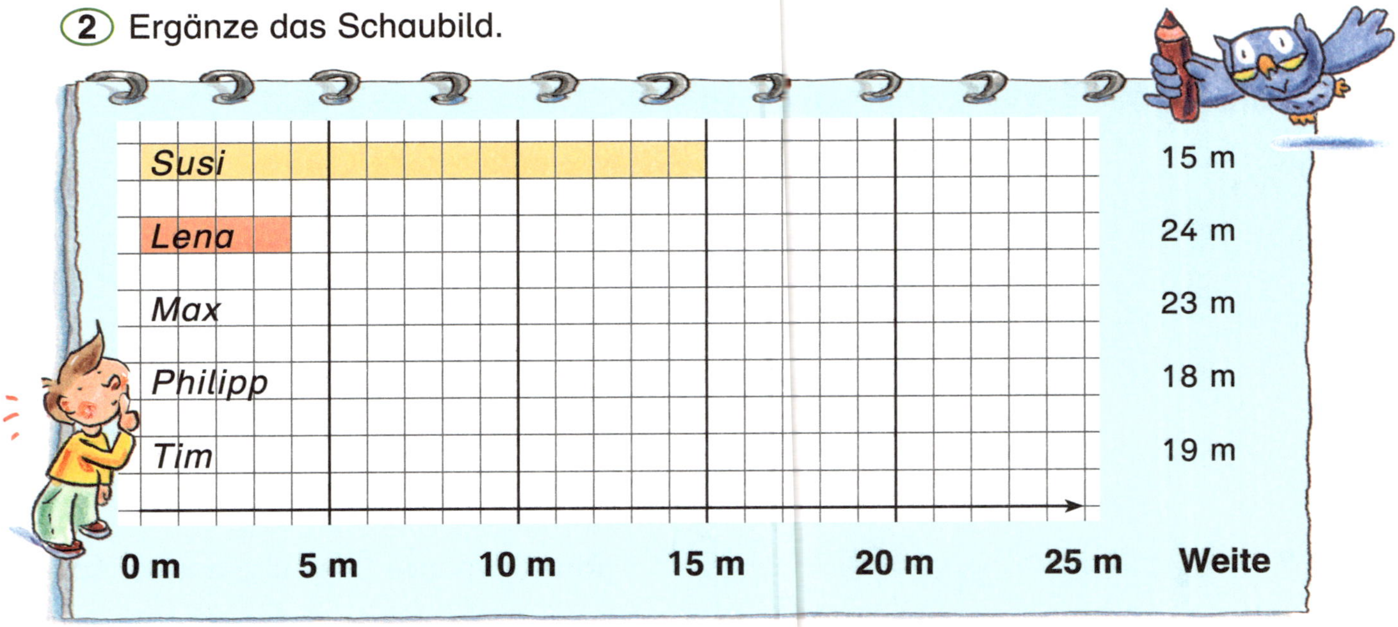

Rechnen mit Metern und Zentimetern

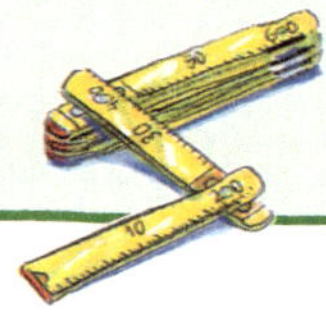

① Verlängere die Strecken um 2 cm.
Schreibe die Rechnung daneben.

a) 6 cm + 2 cm = ___ cm

b) ____________

c) ____________

d) ____________

Verdopple diese Strecken. Schreibe die Rechnung daneben.

e) 1 cm + 1 cm = ___ cm

f) ____________

g) ____________

h) ____________

② Ergänze auf 1 m.

50 cm + ___ cm = 1 m	25 cm + ___ cm = 1 m
99 cm + ___ cm = 1 m	14 cm + ___ cm = 1 m
63 cm + ___ cm = 1 m	80 cm + ___ cm = 1 m
46 cm + ___ cm = 1 m	1 cm + ___ cm = 1 m

③ Ergänze oder ziehe ab.

65 cm (−) 15 cm = 50 cm	28 cm ( ) ___ cm = 50 cm
35 cm (+) 15 cm = 50 cm	8 cm ( ) ___ cm = 50 cm
100 cm ( ) ___ cm = 50 cm	80 cm ( ) ___ cm = 50 cm
24 cm ( ) ___ cm = 50 cm	47 cm ( ) ___ cm = 50 cm
0 cm ( ) ___ cm = 50 cm	1 cm ( ) ___ cm = 50 cm

④ Ergänze die Tabelle.

die Strecke	18 cm	___ cm	13 cm	35 cm	___ cm	45 cm	50 cm	___ cm
das Doppelte	___ cm	44 cm	___ cm	___ cm	62 cm	___ cm	___ cm	1 m

1 Baue die Mathener fertig.

- 79 | 53 | 26
- __ | 38 | 47
- __ | 66 | 15
- __ | 74 | 9
- __ | 45 | 47

2 Diese Figuren wollen Mathener werden

- 94 | __ | 37
- 86 | 41 | __
- 73 | 28 | __
- 65 | __ | 38
- 72 | __ | 16

3 Mathener-Zwillinge und Mathener-Drillinge gesucht.

a)
- 62 | 36 | __
- 62 | 25 | __

b)
- 70 | 19 | __
- 70 | 34 | __
- __ | 27 | __

c)
- __ | 25 | 75
- __ | 64 | __

d)
- __ | 19 | 19
- __ | 27 | __
- __ | 9 | __

4 Ufos der Mathener: Wie sind sie aufgebaut?

a)
- 80: 35, 16, __, 45
- 81: 48, 51, 30, __
- 67: __, 27, 40, 43
- __: 62, __, 34, 6
- __: 53, __, 69, 48

b)
- __: 81, __, __, 19
- 64: 56, __, __, __
- __: __, 85, 14, __
- 70: __, 43, __, __

Zeitspannen

① Trage die Uhrzeiten ein.
Zeichne die fehlenden Zeiger.

a)

Um diese Zeit geht Franz ins Bett.

____ Uhr.

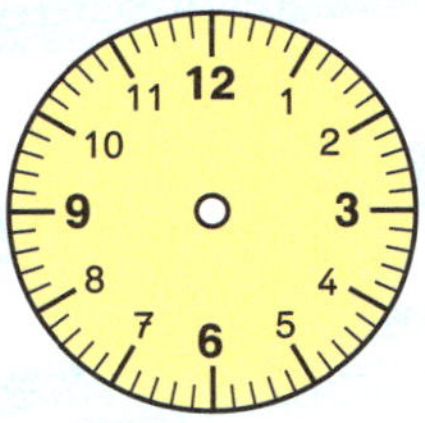

Er schläft 10 Stunden. Wann steht er auf?

____ Uhr.

b)

Jetzt beginnt der Kinofilm.

____ Uhr.

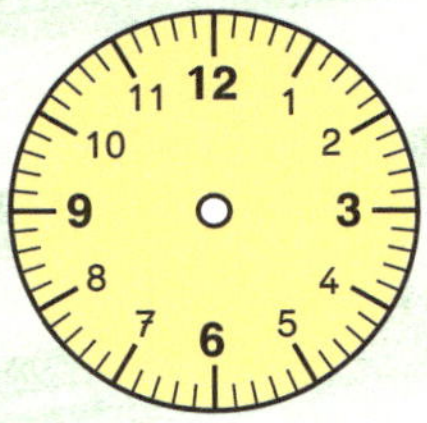

Der Film dauert 2 Stunden. Wann ist er zu Ende?

____ Uhr.

c)

Mateja macht eine Nachtwanderung. Sie startet um Mitternacht.

____ Uhr.

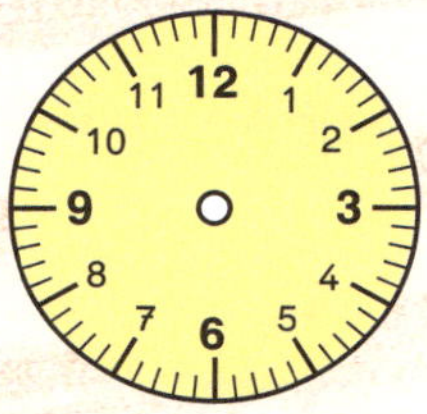

Sie wandert 60 Minuten. Wann ist Sie zurück?

____ Uhr.

② Wie viele Minuten sind seit der letzten vollen Stunde vergangen?

a)

____ min

b)

____ min

c)

____ min

d)

____ min

e)

____ min

f)

____ min

g)

____ min

h)

____ min

i)

____ min

j)

____ min

k)

____ min

l)

____ min

① Ordne die Uhrzeiten den Uhren zu.
Die Buchstaben ergeben ein Lösungswort.

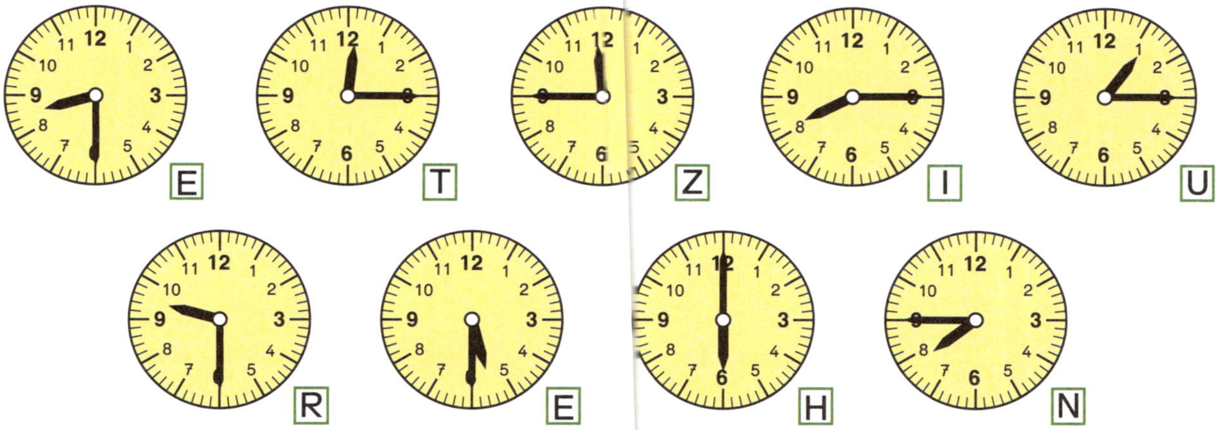

U 1.15 Uhr	☐ 11.45 Uhr	☐ 12.15 Uhr
☐ 18.00 Uhr	☐ 5.30 Uhr	☐ 20.30 Uhr
☐ 9.30 Uhr	☐ 8.15 Uhr	☐ 19.45 Uhr

② Schreibe jeweils die beiden Uhrzeiten auf.

8.10 Uhr ___ Uhr ___ Uhr ___ Uhr

___ Uhr ___ Uhr ___ Uhr ___ Uhr

___ Uhr ___ Uhr ___ Uhr ___ Uhr

___ Uhr ___ Uhr ___ Uhr ___ Uhr

___ Uhr ___ Uhr ___ Uhr ___ Uhr

___ Uhr ___ Uhr ___ Uhr ___ Uhr

Der Uhr auf der Spur ②

1 Zeichne den Minutenzeiger ein.

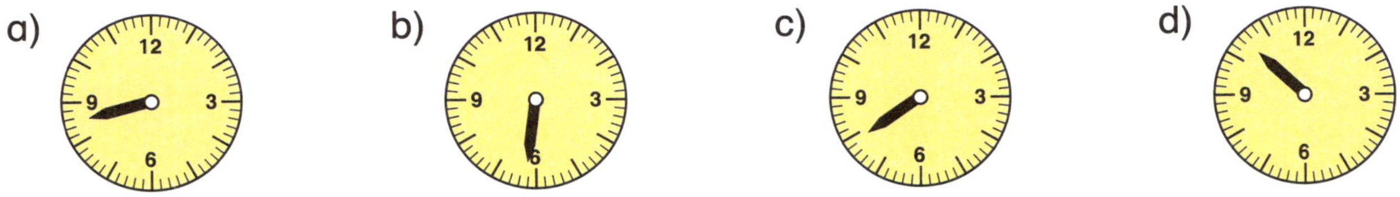

a) 8.30 Uhr | b) 6.15 Uhr | c) 19.55 Uhr | d) 10.35 Uhr

e) 15.45 Uhr | f) 7.50 Uhr | g) 9.50 Uhr | h) 12.10 Uhr

2 Immer drei Zeitangaben gehören zusammen.
Male sie mit der gleichen Farbe aus.

8.15 Uhr
3.45 Uhr
11.30 Uhr
1.45 Uhr
13.45 Uhr
23.30 Uhr
20.15 Uhr
15.45 Uhr
drei viertel vier
Viertel nach acht
Viertel vor zwei
halb zwölf

3 Zeichne den Stundenzeiger ein.

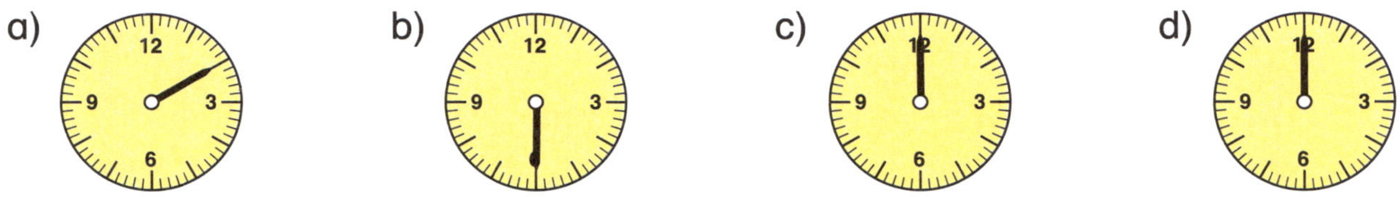

a) 20.10 Uhr | b) 16.30 Uhr | c) 4.00 Uhr | d) 20.00 Uhr

e) 7.15 Uhr | f) 21.40 Uhr | g) 13.20 Uhr | h) 14.05 Uhr

MB S. 126/127

① Schreibe Rechnungen zu den Geschichten. Male die fehlenden Bilder.

a)

Dagobert hat 84 Taler in seinem Beutel.

Es fallen Taler und Scheine heraus.

Nun hat er noch 78 Taler.

84

b)

Dagobert hat Geld in seinem Beutel.

Er gibt 65 Taler dazu.

Nun hat er 94 Taler.

② Wie heißt die Rechnung? Schreibe sie auf.

a) Dagobert geht ins Restaurant. Er hat 100 Taler dabei. | Er isst für 48 Taler. | Mit wie vielen Talern geht er nach Hause?

100

b) Dagobert versteckt Geld unter seinem Hut. | In seiner Manteltasche hat er 47 Taler. | Insgesamt trägt er 100 Taler bei sich.

c) Dagobert hat in seinem kleinen Tresor 86 Taler. | Die Panzerknacker stehlen das Geld aus dem Tresor. | Nun ist der Tresor leer.

Frisches aus der Zauberküche

① Wie hoch ist die Rechnung an jedem Tisch?

Tisch 1:
Holunderwein 2
Mäuse 1
Nudeln 1
Beerenmus 2

Antwort: Die Rechnung beträgt ___ €.

Tisch 2:
III Suppe
I Salat
I Zaubertrank

Antwort: ___

Tisch 3:
Holunderwein 4
Beerenmus 3
Salat 2

Antwort: ___

② So wurde bezahlt:

Rechnung	gegeben	zurück
38 €	100 €	
40,50 €	50,50 €	
15 €	50 €	

① Bild und Spiegelbild?

Überprüfe das
Spiegelbild auf Fehler.
Kreuze die Fehler an.

② Wie sieht die zweite Hälfte aus? Ergänze.

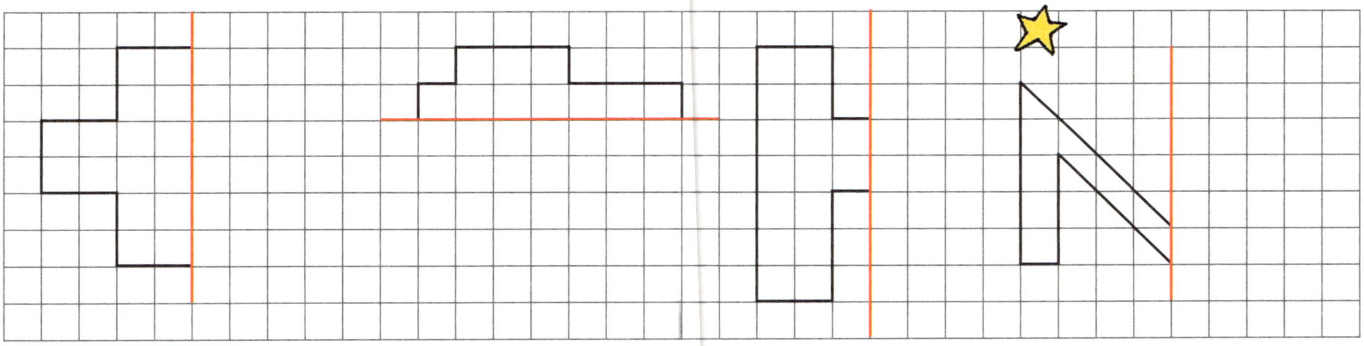

③ Symmetrisch oder nicht symmetrisch?
Überprüfe mit dem Zauberspiegel. Trage die Symmetrieachsen ein.

a) b) c) d)

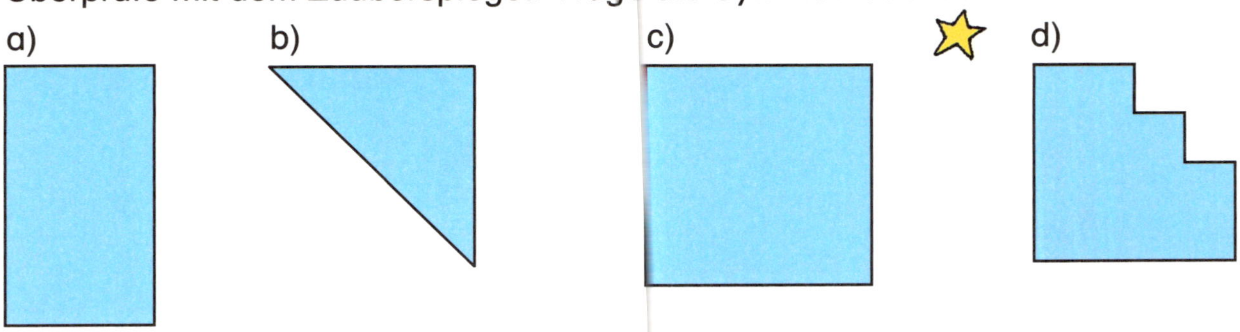

④ Zeichne eigene Figuren. Trage die Symmetrieachsen ein.
Überprüfe mit dem Spiegel.

Schaubilder

(1) Die Kinder der Klasse 2 b haben eine Umfrage an ihrer Schule gemacht. Sie wollten wissen, was die liebste Freizeitbeschäftigung der Kinder ist. Ihre Ergebnisse haben sie in einem Schaubild dargestellt.

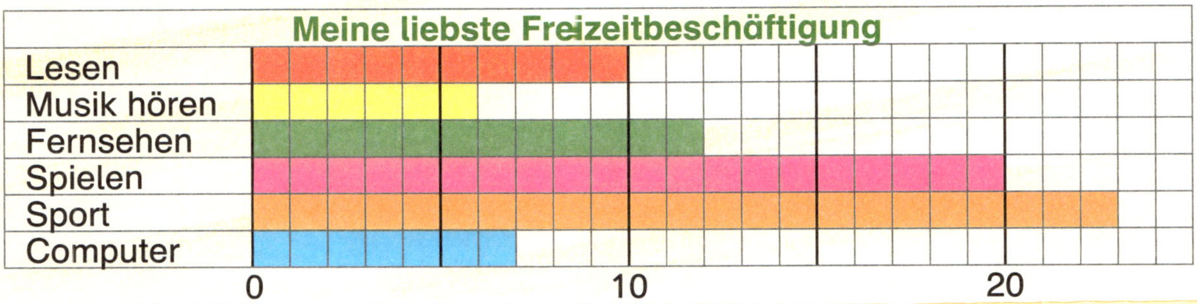

Welche Aussagen stimmen? Kreuze an ☒.

- ☐ Die meisten Kinder treiben am liebsten Sport.
- ☐ Musik hören wurde selten genannt.
- ☐ Spielen wird am häufigsten genannt.
- ☐ Sport wird von mehr Kindern genannt als Lesen und Fernsehen zusammen.
- ☐ Fernsehen wurde von weniger Kindern genannt als Lesen.

(2) Bei Sport und Spielen wollten die Kinder es dann noch genauer wissen.

a) Die 23 Kinder wurden nach ihrer Lieblingssportart befragt. Zeichne.

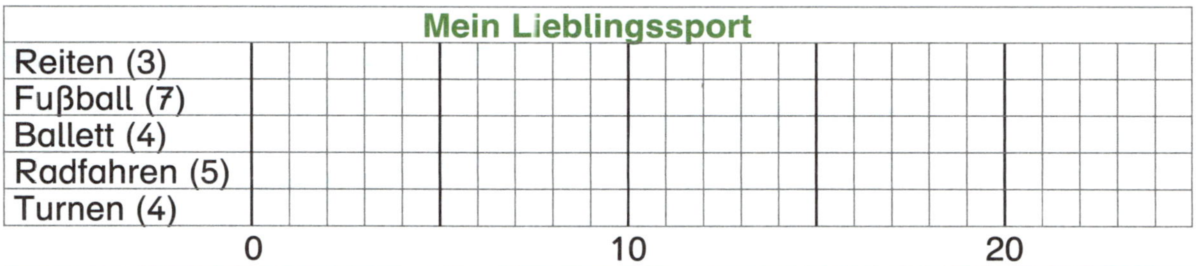

b) Die 20 Kinder wurden nach ihrem Lieblingsspiel befragt. Zeichne.

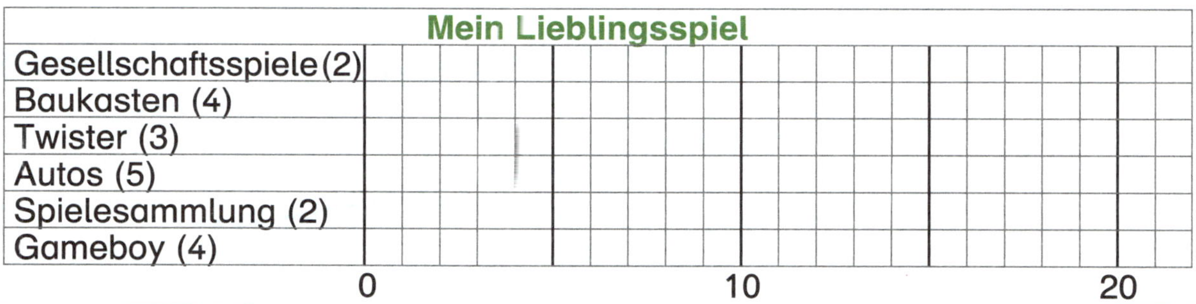

Zahlenrätsel

MB S. 134/135

① 1. Runde: Einfache Rätsel

a) Ich teile 64 durch 8. Welche Zahl erhalte ich? Die Zahl heißt ____.

b) Ich nehme 7 mal 5. Welche Zahl erhalte ich? Die Zahl heißt ____.

c) Ich ziehe 26 von 83 ab. Welche Zahl erhalte ich? Die Zahl heißt ____.

d) Ich gebe 39 zu 28 hinzu. Welche Zahl erhalte ich? Die Zahl heißt ____.

e) Ich nehme 8 mal 6. Welche Zahl erhalte ich? Die Zahl heißt ____.

② 2. Runde: Schwierige Rätsel

a) Ich denke mir die Zahl 40, verdopple sie und teile das Ergebnis durch 10. Die Zahl heißt ____.

b) Ich denke mir die Zahl 5 und nehme sie mal 7. Nun zähle ich noch 15 dazu. Die Zahl heißt ____.

c) Ich denke mir die Zahl 49 und teile sie durch 7. Nun gebe ich das Doppelte von 6 dazu. Die Zahl heißt ____.

d) Von der Zahl 40 ziehe ich 18 ab. Das Ergebnis teile ich durch 2. Die Zahl heißt ____.

e) Ich teile die Zahl 80 durch 8 und nehme das Ergebnis mal 5. Die Zahl heißt ____.

③ 3. Runde: Superschwierige Rätsel

a) Ich denke mir eine Zahl. Wenn ich sie verdopple, dann erhalte ich 32. Die Zahl heißt ____.

b) Ich denke mir eine Zahl. Wenn ich 35 dazugebe, dann erhalte ich 56. Die Zahl heißt ____.

c) Ich denke mir eine Zahl. Ich teile sie durch 7 und erhalte 6. Die Zahl heißt ____.

d) Ich denke mir eine Zahl. Ich nehme 45 weg und erhalte 27. Die Zahl heißt ____.

e) Ich denke mir eine Zahl. Ich nehme sie mal 6 und erhalte 42. Die Zahl heißt ____.

f) Ich denke mir eine Zahl. Ich bilde ihre Quadratzahl, gebe 1 hinzu und erhalte 50. Die Zahl heißt ____.

Für Zahlenzauberer und Rechenkünstler

1 Male die Sterne in den passenden Farben an.

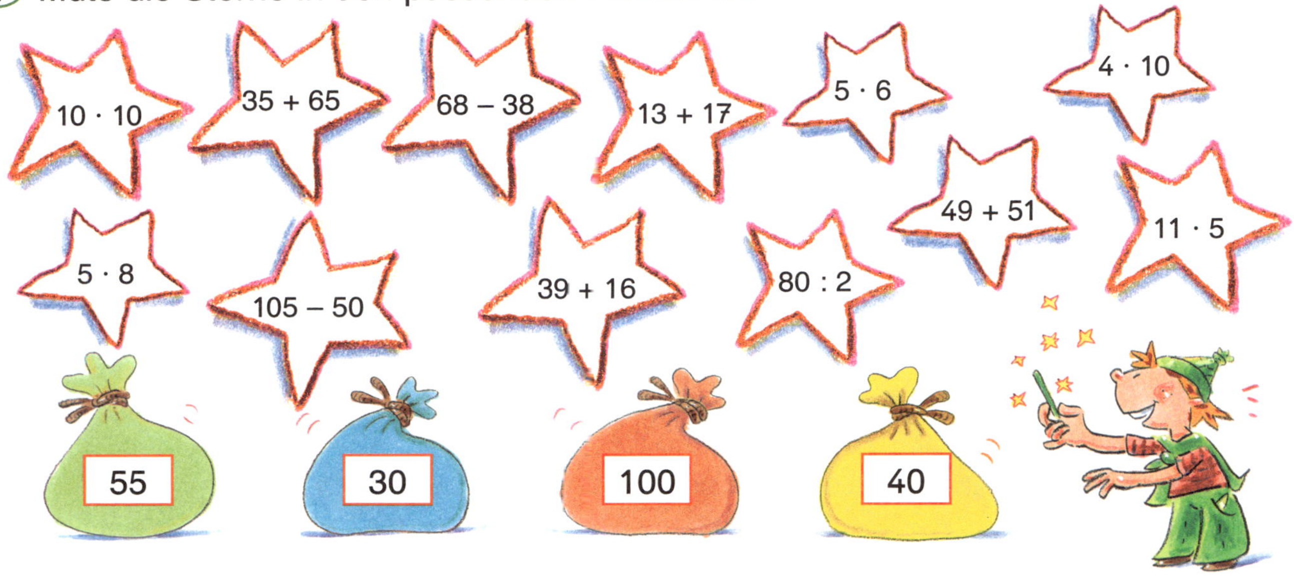

2 Wie kommen Simsala und Bim zu Eulalia?
Löse die Rechnung auf dem 1. Stein. Das Ergebnis zeigt dir den Weg.
Verbinde mit Pfeilen.

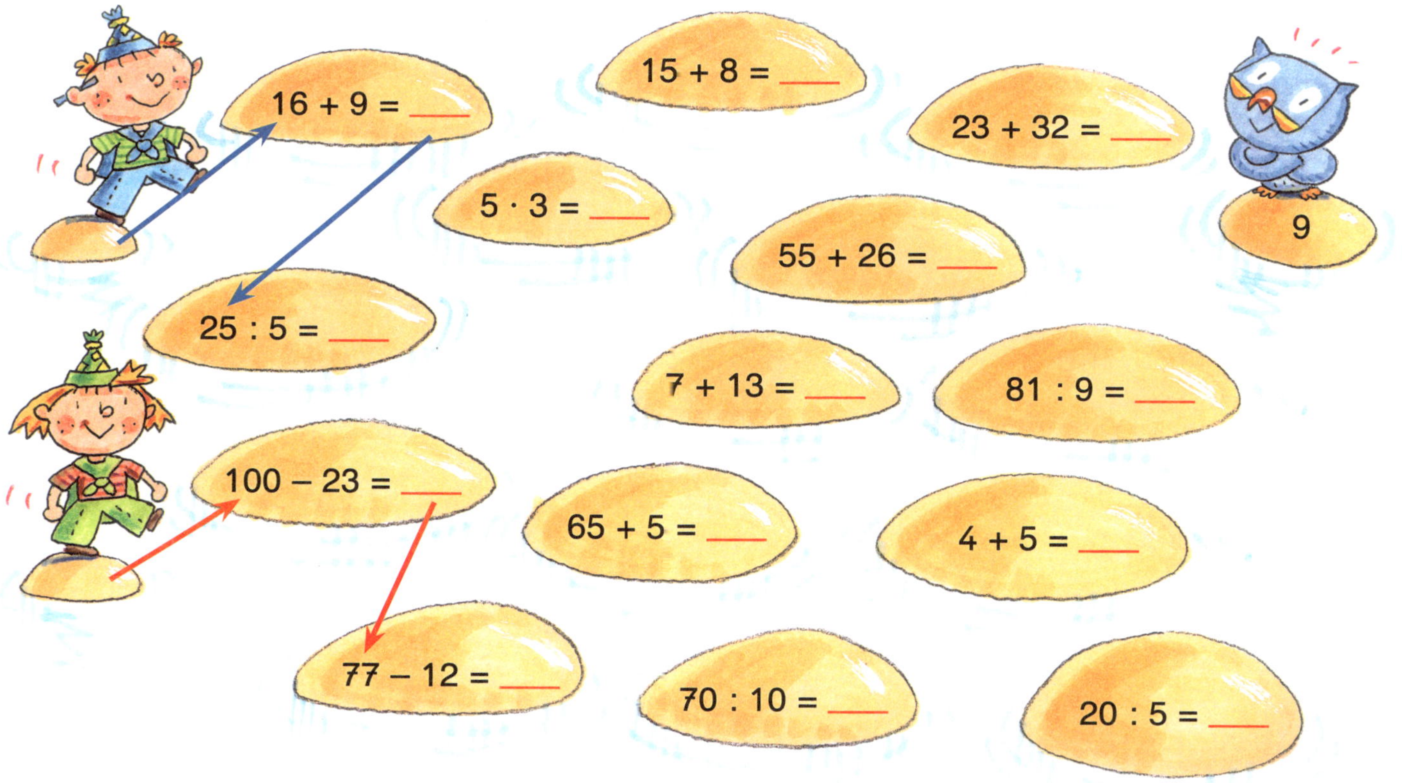

3 Geheimschrift!

① Finde zu jedem Rätsel die passende Rechnung.
Verbinde und löse die Rechnung.

Wenn ich meine Zahl durch 5 teile, ist das Ergebnis 7.	Ich denke mir eine Zahl, nehme sie mal 5 und das Ergebnis ist 35.	Ich teile 35 durch meine Zahl und es kommt 5 heraus.	Wenn ich 7 mit meiner Zahl malnehme, erhalte ich 35.

$\cdot 5 = 35$	$35 : \quad = 5$	$: 5 = 7$	$7 \cdot \quad = 35$

② Schreibe zu jedem Rästel die passende Aufgabe. Rechne.

Wenn ich meine Zahl mit 8 malnehme, ist das Ergebnis 40.	Wenn ich 20 durch meine Zahl teile, ist das Ergebnis 5.	Ich denke mir eine Zahl, teile sie durch 7. Das Ergebnis ist wieder 7.	Wenn ich 7 mit meiner Zahl malnehme, erhalte ich 56.
___ $\cdot 8 = 40$	___	___	___

③ Ergänze die Texte so, dass sie zu den Aufgaben passen.

___ $: 9 = 4$	___ $\cdot 9 = 36$	$9 :$ ___ $= 3$	$3 \cdot$ ___ $= 9$
Wenn ich meine Zahl durch 9 teile, erhalte ich ___.	Ich denke mir eine Zahl, nehme sie mit 9 mal und erhalte ___.	Wenn ich 9 durch meine Zahl teile, erhalte ich ___.	Wenn ich ___ mit meiner Zahl malnehme, erhalte ich 9.

④ Geheimschrift!

1

+26

32	
18	
49	
	91
64	

−35

96	
82	
78	
	29
100	

· 2

6	
9	
	20
	8
5	

: 5

45	
20	
	3
	8
35	

2

a)
23 + 25 = ___
46 + 33 = ___
27 + 57 = ___
44 + 56 = ___
66 + 29 = ___
38 + 37 = ___

b)
86 − 45 = ___
48 − 36 = ___
72 − 55 = ___
83 − 48 = ___
51 − 49 = ___
100 − 87 = ___

c)
5 · 8 = ___
7 · 7 = ___
9 · 10 = ___
9 · 5 = ___
4 · 4 = ___
6 · 2 = ___

d)
64 : 8 = ___
35 : 5 = ___
18 : 2 = ___
36 : 6 = ___
40 : 5 = ___
100 : 10 = ___

3 Zahlenrennen

a) Start 10 → +26 → ☐ → :6 → ☐ → ·10 → ☐ → −11 → ☐ → :7 → ☐ → ·2 → Ziel

b) Start 100 → −19 → ☐ → :9 → ☐ → ·5 → ☐ → +19 → ☐ → :8 → ☐ → ·2 → Ziel

c) Start 10 → +6 → ☐ → :4 → ☐ → ·5 → ☐ → +20 → ☐ → −31 → ☐ → ·2 → Ziel

4

47 + 36 = ___ ☐
50 − 19 = ___ ☐
28 + 14 = ___ ☐
100 − 56 = ___ ☐

58 + 18 = ___ ☐
19 + 21 = ___ ☐
79 − 41 = ___ ☐
67 − 27 = ___ ☐

28 + 35 = ___ ☐
40 − 16 = ___ ☐
58 − 18 = ___ ☐
49 + 27 = ___ ☐

24	31	38	40	42	44	63	76	83
I	C	F	E	H	Ö	R	N	S

① Zahlen darstellen

sprechen	Z	E	zeichnen	zerlegen
siebenundsechzig	6	7	IIIIII ●●●●●●●	67 = 60 + 7
vierunddreißig				
achtundfünfzig				
neunundachtzig				
zweiundneunzig				
fünfundzwanzig				

②

Z	E
●●	●●●●●●●●

Wie heißt die Zahl? ____.

a) Simsala nimmt an der Einerstelle einen Einer weg.
Die Zahl heißt ____.

b) Dann legt Bim an der Zehnerstelle drei dazu.
Die Zahl heißt ____.

c) Zuletzt nimmt Eulalia an der Einerstelle 4 Einer weg und legt sie zu den Zehnern an der Zehnerstelle. Die Zahl heißt ____.

③ Vergleiche die Zahlen: (<), (>), (=).

83 ◯ 38 67 ◯ 67 13 ◯ 31 91 ◯ 61 82 ◯ 28

36 ◯ 68 99 ◯ 39 55 ◯ 15 58 ◯ 58 10 ◯ 10

④ Ordne die Zahlen der Größe nach:
12, 87, 66, 50, 4, 78, 5, 27, 34, 43, 99, 59

____, ____, ____, ____, ____, ____, ____, ____, ____, ____, ____, ____

⑤ Nachbarzahlen

____ 35 ____ ____ 46 ____ ____ 58 ____ ____ 69 ____ ____ 89 ____

____ 70 ____ ____ 90 ____ ____ 50 ____ ____ 80 ____ ____ 100 ____

⑥ Bilde alle möglichen Zahlen: 1 4 7

Z	E	Z	E	Z	E	Z	E	Z	E	Z	E

① Mit Zehnern und Einern rechnen

40 + 50 = ___	20 + 30 = ___	50 – 20 = ___	90 – 10 = ___
40 + 5 = ___	20 + 3 = ___	50 – 2 = ___	90 – 1 = ___
10 + ___ = 40	30 + ___ = 90	70 – ___ = 20	90 – ___ = 50
10 + ___ = 13	30 + ___ = 36	70 – ___ = 65	90 – ___ = 86

② Plus und minus

6 + 8 = ___	7 + 5 = ___	15 – 9 = ___	17 – 8 = ___
26 + 8 = ___	37 + 5 = ___	45 – 9 = ___	27 – 8 = ___
26 + 18 = ___	37 + 25 = ___	45 – 39 = ___	27 – 18 = ___

③ Rechne auf deinem Weg.

a) 54 + 39 = ___	28 + 56 = ___	92 – 77 = ___
b) 36 + 37 = ___	76 – 18 = ___	95 – 78 = ___
c) 17 + 54 = ___	72 – 57 = ___	81 – 24 = ___

④ Rechne. Notiere Zwischenergebnisse auf einem Zettel.

a)	b)	c)
53 + 35 = ___	76 – 44 = ___	55 + 27 = ___
36 + 34 = ___	38 – 24 = ___	62 + 38 = ___
22 + 57 = ___	72 – 45 = ___	19 + 45 = ___
45 + 56 = ___	83 – 37 = ___	83 – 41 = ___
53 + 29 = ___	72 – 69 = ___	32 – 28 = ___
36 + 37 = ___	100 – 73 = ___	74 – 59 = ___

Basiswissen: Malnehmen

① Finde beide Malaufgaben.

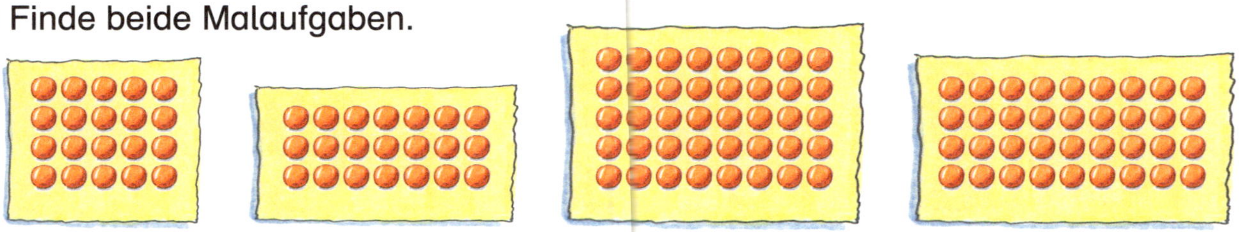

4 · 5 = ___	___ · ___ = ___	___ · ___ = ___	___ · ___ = ___
5 · 4 = ___	___ · ___ = ___	___ · ___ = ___	___ · ___ = ___

② Rechne die Kernaufgaben.

· 2	· 3	· 5	· 7
1 · 2 = ___	1 · 3 = ___	1 · 5 = ___	1 · 7 = ___
2 · 2 = ___	2 · 3 = ___	2 · 5 = ___	2 · 7 = ___
5 · 2 = ___	3 · 3 = ___	5 · 5 = ___	5 · 7 = ___
10 · 2 = ___	5 · 3 = ___	10 · 5 = ___	7 · 7 = ___
	10 · 3 = ___		10 · 7 = ___

· 4	· 6	· 8	· 9
1 · 4 = ___	1 · 6 = ___	1 · 8 = ___	1 · 9 = ___
2 · 4 = ___	2 · 6 = ___	2 · 8 = ___	2 · 9 = ___
4 · 4 = ___	5 · 6 = ___	5 · 8 = ___	5 · 9 = ___
5 · 4 = ___	6 · 6 = ___	8 · 8 = ___	9 · 9 = ___
10 · 4 = ___	10 · 6 = ___	10 · 8 = ___	10 · 9 = ___

③ Malaufgaben aus Kernaufgaben zusammenbauen.

7 · 6 = ___	3 · 9 = ___	___ · 7 = ___
1 · 6 = ___ 6 · 6 = ___	1 · 9 = ___ 2 · 9 = ___	7 · 7 = ___ 2 · 7 = ___
___ · 3 = ___	___ · 4 = ___	___ · 8 = ___
5 · 3 = ___ 2 · 3 = ___	5 · 4 = ___ 4 · 4 = ___	2 · 8 = ___ 5 · 8 = ___

④ Rechne zuerst die Kernaufgabe.

5 · 3 = ___	8 · 4 = ___	10 · 9 = ___	7 · 8 = ___
6 · 3 = ___	9 · 4 = ___	9 · 9 = ___	8 · 8 = ___
7 · 3 = ___	10 · 4 = ___	9 · 8 = ___	9 · 8 = ___

① Verteile und rechne.

15 : ___ = ___

16 : ___ = ___

18 : ___ = ___

②

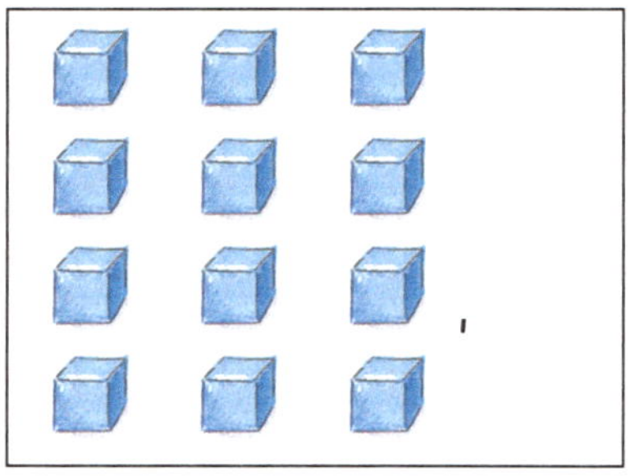

12 : 4 = ___

___ · 4 = 12

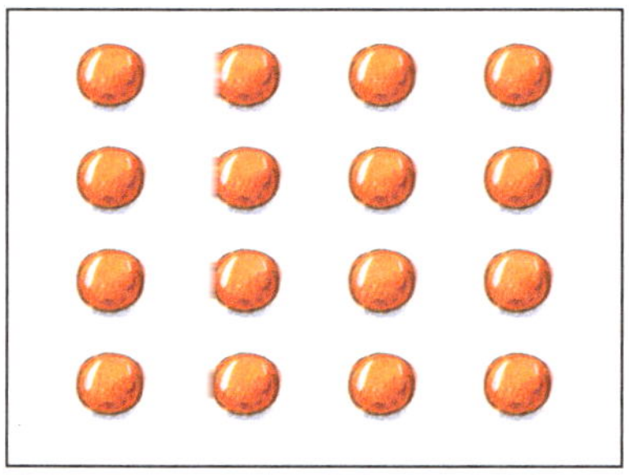

16 : 4 = ___

___ · 4 = 16

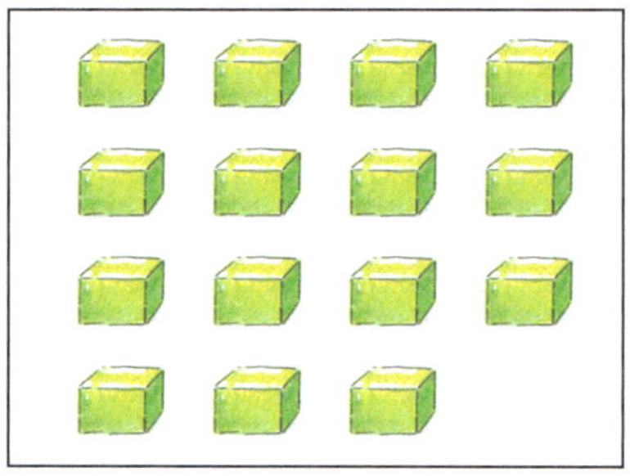

15 : 4 = ___ R ___

___ · 4 + ___ = ___

③ Teilen – die Malaufgabe hilft.

42 : 7 = ___	36 : 6 = ___	35 : 5 = ___
7 · ___ = 42	6 · 6 = 36	___ · 5 = 35
40 : 8 = ___	45 : 5 = ___	49 : 7 = ___
8 · ___ = 40	___ · 5 = ___	___ · 7 = ___

④ Schreibe die Rechnungen auf.

Wie viele 6er-Gruppen können gebildet werden?

___

Wie viele Bilder kannst du aufhängen?

___

Wie viele Sticker bekommt jedes Kind?

___

① Mit welchen Münzen und Scheinen kannst du diese Beträge legen?

3 Euro

12 Euro

② Rechne die Beträge um.

Preis in € mit Komma	1 €	10 ct	1 ct	Preis in € und ct
1,99 €	1	9	9	1 € 99 ct
0,54 €				
0,02 €				
7,05 €				

③ Berechne das Rückgeld.

Preis	gegeben	zurück
8,50 €		
19,80 €		

Preis	gegeben	zurück
12 €		
44,50 €		

④ Wie spät ist es? Schreibe beide Uhrzeiten auf.

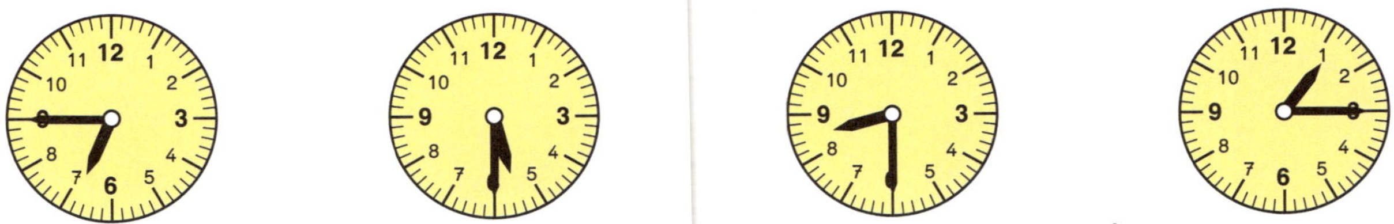

___ Uhr ___ Uhr ___ Uhr ___ Uhr

___ Uhr ___ Uhr ___ Uhr ___ Uhr

⑤ Wie viele Minuten dauert es bis zur nächsten vollen Stunde?

8.53 Uhr + 7 min → ___ Uhr

18.24 Uhr + ___ min → ___ Uhr

6.29 Uhr + ___ min → ___ Uhr

14.25 Uhr + ___ min → ___ Uhr

11.03 Uhr + ___ min → ___ Uhr

23.58 Uhr + ___ min → ___ Uhr

① Schätze und verbinde.

1 cm	100 m	2 m	30 cm	33 m

② Ergänze.

1 m = 40 cm + ___ cm   1 m = 70 cm + ___ cm   1 m = 25 cm + ___ cm

1 m = 49 cm + ___ cm   1 m = 84 cm + ___ cm   1 m = 98 cm + ___ cm

③ Wo befinden sich die Längenangaben am Lineal? Verbinde.

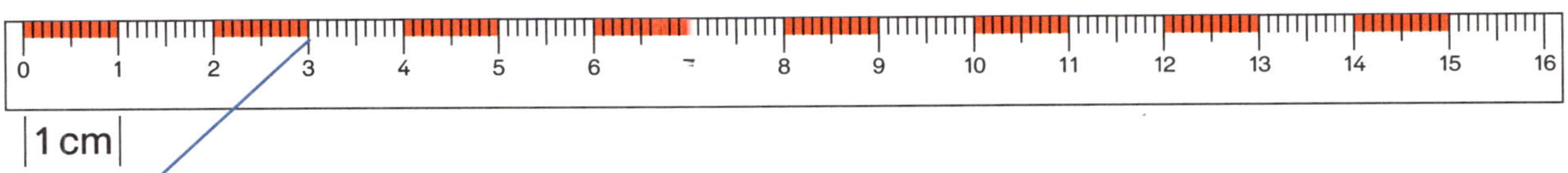

3 cm	4 cm	2 cm	6 cm	14 cm	9 cm

④ Zeichne die Strecken mit dem Lineal.

4 cm ⊢ ....

11 cm ⊢ ....

13 cm ⊢ ....

8 cm ⊢ ....

9 cm ⊢ ....

6 cm ⊢ ....

⑤ Schätze die Länge der Raupe vom Kopf bis zum Schwanzende.
Miss mit dem Lineal.

geschätzt	gemessen
___ cm	___ cm

Basiswissen: Sachaufgaben und Rechengeschichten

① a)

Wie viel kosten 4 Autos? ____ €

Was wäre, wenn ein Auto nur 3 € kosten würde?

Dann kosten 4 Autos ____ €.

b)

Was kostet alles zusammen? ____ €

Was wäre, wenn die Hose 10 € billiger wäre?

Dann kostet alles zusammen ____ €.

c)

Wie viel Euro bekommst du zurück? ____ €

Was wäre, wenn du nur 80 € hättest?

Rückgeld: ____ €

d)

Wie viele Stunden waren die Fahrgäste unterwegs? ____ Stunden

Was wäre, wenn der Zug eine Stunde Verspätung hätte?

Der Zug käme um ____________ an.

② Welches Rätsel gehört zu welcher Rechnung? Färbe mit der gleichen Farbe.

Die Hälfte meiner Zahl heißt 20.

Wenn ich 17 von meiner Zahl abziehe, erhalte ich 35.

Ich zähle 17 zu meiner Zahl dazu, ziehe dann 5 ab und erhalte 35.

Wenn ich zum Doppelten meiner Zahl 10 dazuzähle, erhalte ich 24.

☐ —(− 17)→ 35

☐ —(: 2)→ 20

☐ —(+ 17)→ ☐ —(− 5)→ 35

☐ —(· 2)→ ☐ —(+ 10)→ 24

① Aus welchen Körpern sind die Bauwerke gebaut?
Trage in die Tabelle ein.

A B C

			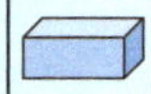
A			
B			
C			

② Aus wie vielen Würfeln bestehen diese Würfelgebäude?

___ Würfel ___ Würfel ___ Würfel

③ Welche Kamera hat welches Foto gemacht?
Trage ein.

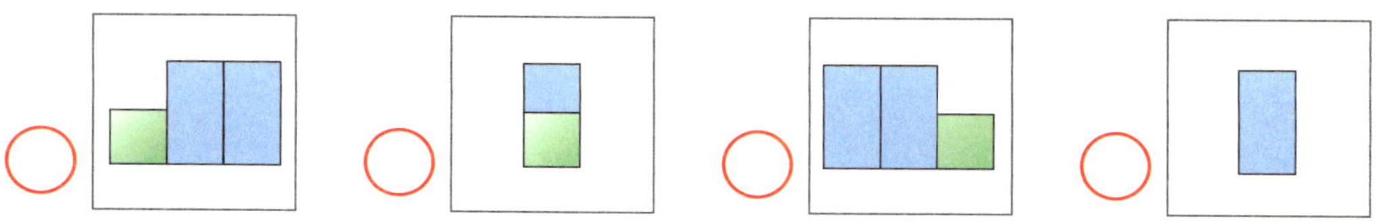

④ Setze die Muster fort.

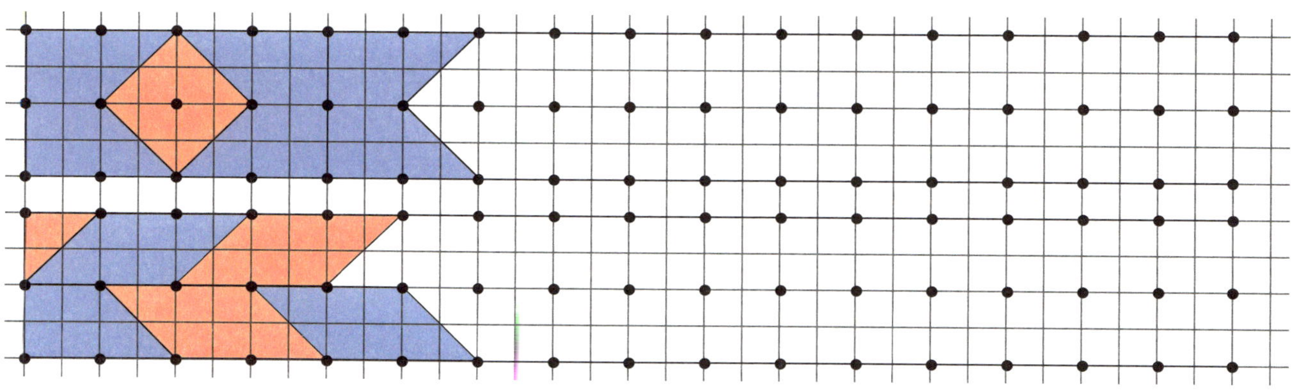

① Umfrage: Mein Lieblingsgericht
Die Schüler einer Grundschule wurden zu ihrem Lieblingsessen befragt.
Hier ist das Ergebnis:

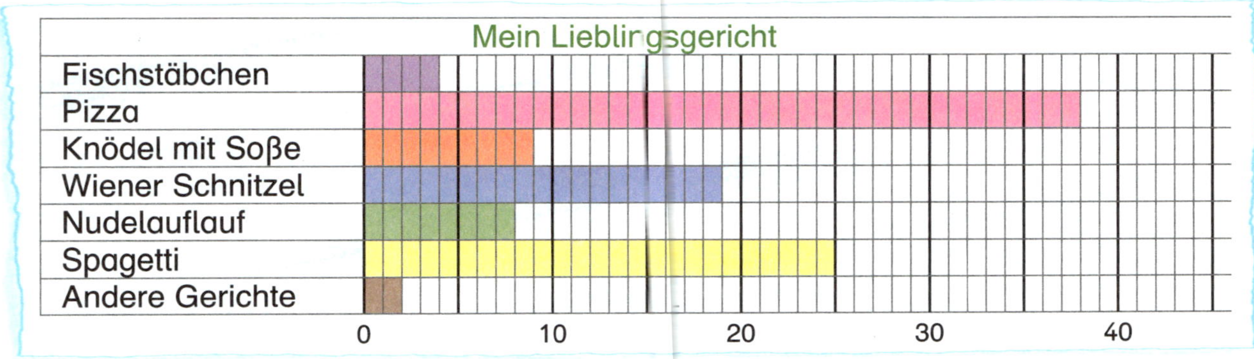

a) Lies das Schaubild genau, rechne und ergänze.
Wie viele Kinder wurden insgesamt befragt?

___ Kinder nahmen an der Umfrage teil.

Nenne das Lieblingsgericht der meisten Kinder: ________

Wie heißen die drei beliebtesten Gerichte?

____

b) Welche Aussagen stimmen? Kreuze an: ☒.

☐ Wiener Schnitzel wurde seltener als Lieblingsgericht genannt als Pizza.

☐ Nudelauflauf wurde häufig genannt.

☐ Weniger Kinder nannten Fischstäbchen als Knödel mit Soße.

☐ Mehr als die Hälfte aller Kinder haben als Lieblingsgericht Pizza oder Spagetti angegeben.

② Umfrage: Lieblingsnachspeise
72 Kinder wurden nach ihrer Lieblingsnachspeise befragt.
Erstelle ein Schaubild.

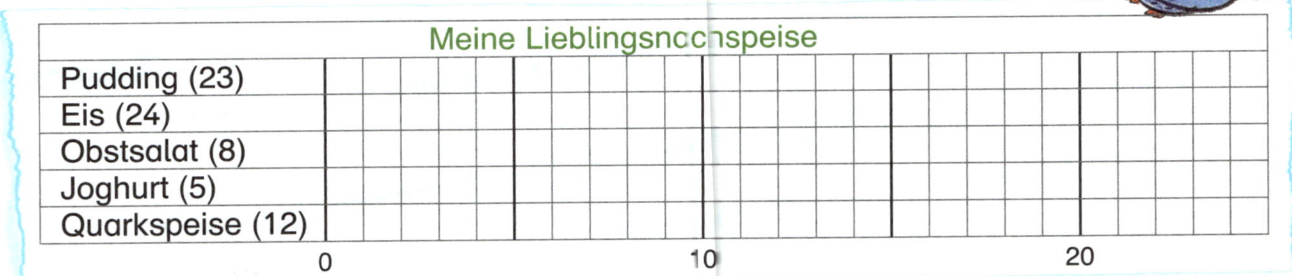

Rechentürme

① Rechentürme ⊕: Suche die Aufgaben mit dem Ergebnis 10.
Rechne dann die anderen Aufgaben.

4 + 3 = 7	4 + 4 = 8	4 + 5 = 9
5 + 3 = 8	5 + 4 = 9	5 + 5 = 10
6 + 3 = 9	6 + 4 = 10	6 + 5 = 11
7 + 3 = 10	7 + 4 = 11	7 + 5 = 12
8 + 3 = 11	8 + 4 = 12	8 + 5 = 13

2 + 6 = 8	2 + 7 = 9	2 + 8 = 10
3 + 6 = 9	3 + 7 = 10	3 + 8 = 11
4 + 6 = 10	4 + 7 = 11	4 + 8 = 12
5 + 6 = 11	5 + 7 = 12	5 + 8 = 13
6 + 6 = 12	6 + 7 = 13	6 + 8 = 14

② Rechentürme ⊖: Suche die Aufgaben mit dem Ergebnis 10.
Rechne dann die anderen Aufgaben.

12 – 4 = 8		
13 – 4 = 9	13 – 5 = 8	
14 – 4 = 10	14 – 5 = 9	14 – 6 = 8
15 – 4 = 11	15 – 5 = 10	15 – 6 = 9
16 – 4 = 12	16 – 5 = 11	16 – 6 = 10

15 – 7 = 8	15 – 8 = 7	15 – 9 = 6
16 – 7 = 9	16 – 8 = 8	16 – 9 = 7
17 – 7 = 10	17 – 8 = 9	17 – 9 = 8
18 – 7 = 11	18 – 8 = 10	18 – 9 = 9
19 – 7 = 12	19 – 8 = 11	19 – 9 = 10

③ Nachbaraufgaben: Finde die fehlenden Zahlen und Aufgaben. Rechne.

5 + 5 = 10	5 + 6 = 11	5 + 7 = 12
6 + 5 = 11	6 + 6 = 12	6 + 7 = 13
7 + 5 = 12	7 + 6 = 13	7 + 7 = 14

8 + 8 = 16	8 + 9 = 17	8 + 10 = 18
9 + 8 = 17	9 + 9 = 18	9 + 10 = 19
10 + 8 = 18	10 + 9 = 19	10 + 10 = 20

④ Nachbaraufgaben: Finde die fehlenden Zahlen und Aufgaben. Rechne.

14 – 7 = 7	14 – 8 = 6	14 – 9 = 5
15 – 7 = 8	15 – 8 = 7	15 – 9 = 6
16 – 7 = 9	16 – 8 = 8	16 – 9 = 7

11 – 5 = 6	11 – 6 = 5	11 – 7 = 4
12 – 5 = 7	12 – 6 = 6	12 – 7 = 5
13 – 5 = 8	13 – 6 = 7	13 – 7 = 6

☆ ⑤ Rechne. Finde geschickte Lösungswege.

⑥ + 3 + ④ Da steckt überall die 10 drin.

a)	b)	c)
6 + 3 + 4 = 13	3 + 4 + 6 = 13	14 – 2 – 4 = 8
8 + 6 + 2 = 16	2 + 7 + 3 = 12	17 – 3 – 7 = 7
1 + 5 + 5 = 11	7 + 5 + 3 = 15	16 – 9 – 6 = 1
9 + 8 + 1 = 18	4 + 1 + 9 = 14	15 – 7 – 5 = 3
7 + 2 + 8 = 17	5 + 3 + 5 = 13	11 – 6 – 1 = 4

Spiele mit 2 Würfeln

① a) Elias wählt beim Spiel mit 2 Würfeln die Ergebniszahl 9.
Mit welchen Würfelergebnissen erreicht er 9? Zeichne die Würfelpunkte.

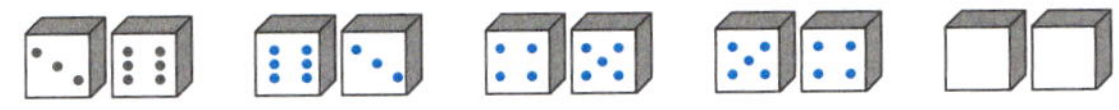

b) Clara wählt die Ergebniszahl 6.

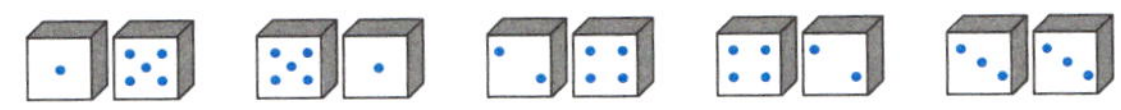

c) Wer hat die größere Gewinnchance? Trage ein und streiche durch.

Zur Ergebniszahl ___ gibt es mehr/weniger Zerlegungen.

Deshalb hat 6 die größeren Gewinnchancen.

② Spiele mit 2 Würfeln.
Welche Sätze stimmen? Kreuze an.

Deine Tabelle hilft dir. Schau ins Buch.

a) ☐ Es ist unmöglich, das Ergebnis 12 zu würfeln.
☐ Das Ergebnis 2 ist wahrscheinlicher als das Ergebnis 6.
☐ Das Ergebnis 7 zu würfeln ist sicher.
☒ Das Ergebnis 20 zu würfeln ist unmöglich.

b) ☐ Das Würfelergebnis ist sicher gerade.
☒ Es ist möglich, ein gerades Würfelergebnis zu bekommen.
☐ Es ist unwahrscheinlicher, ein gerades Ergebnis zu bekommen, als 9.
☒ Es ist wahrscheinlicher, ein ungerades Ergebnis zu bekommen als ein zweistelliges.

☆ c) Was ist wahrscheinlicher: Ein gerades Ergebnis oder das Ergebnis 8? Begründe.

Ein gerades Ergebnis ist wahrscheinlicher. Es gibt 18 Möglichkeiten für gerade Ergebnisse, aber nur 5 Möglichkeiten, eine 8 zu würfeln.

Im Hallenbad „Badespaß"

Öffnungszeiten
Mo 12 – 19 Uhr
Di – So 10 – 20 Uhr

Eintrittspreise
Tageskarte
Kinder 2 €
Erwachsene 4 €

10er-Karte
Kinder 10 €
Erwachsene 20 €

① Kreuze richtige Aussagen an.

☐ Am Montag hat das Schwimmbad 8 Stunden geöffnet.
☒ Am Mittwoch hat das Bad länger geöffnet als am Montag.
☐ Am Montag kann Andi ab 11 Uhr schwimmen.
☒ Eine Karte für Erwachsene ist doppelt so teuer wie eine Karte für Kinder.
☒ Eine Zehnerkarte für Kinder ist genauso teuer wie 5 Tageskarten für Kinder.
☒ Eine Zehnerkarte für Erwachsene ist teurer als eine Zehnerkarte für Kinder.

② Finde Fragen und Antworten.

Andi ist gerade im Hallenbad angekommen.
Er darf drei Stunden bleiben.

F: Wann muss Andi das Bad verlassen?

A: Andi muss um 13.00 Uhr das Bad verlassen.

Franz geht nach Hause. Er war vier Stunden im Schwimmbad.

F: Wann kam Franz im Schwimmbad an?

A: Er kam um 12.00 Uhr ins Schwimmbad.

Monika ist vor zwei Stunden angekommen.
Sie wird in drei Stunden abgeholt.

Finde mindestens 2 Fragen.

F1: Wann kam Monika an?

F2: Wann wird sie abgeholt?

A1: Monika kam um 13.00 Uhr an.

A2: Sie wird um 18.00 Uhr abgeholt.

Flächen und Figuren

① Zeichne die ▲, ▬, ● und ■ nach.
Wähle für jede Form eine andere Farbe.

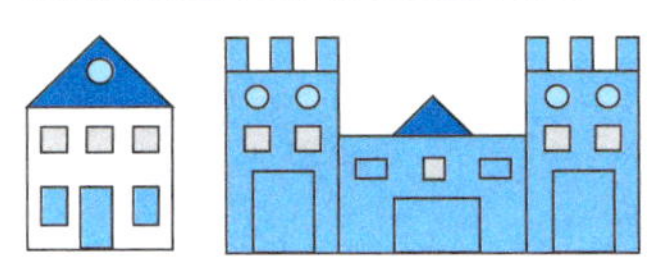

	△	○	□	▭
Haus	1	1	4	3
Burg	1	4	5	14

② Schneide das □, die △ △ und die ▭ ▭ unten aus.
Lege die Flächen mit den Formen aus. Trage in die Tabelle ein.

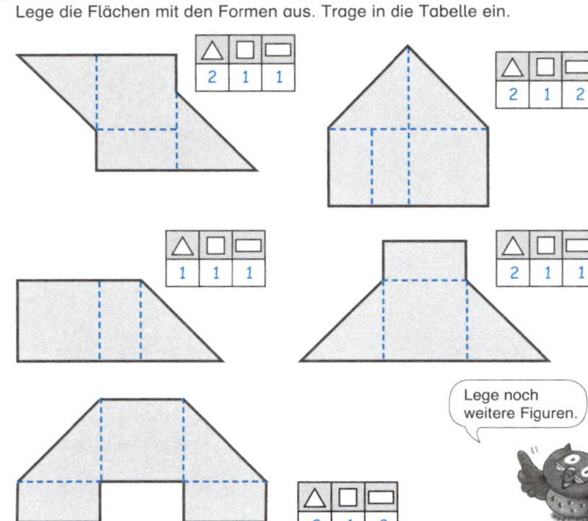

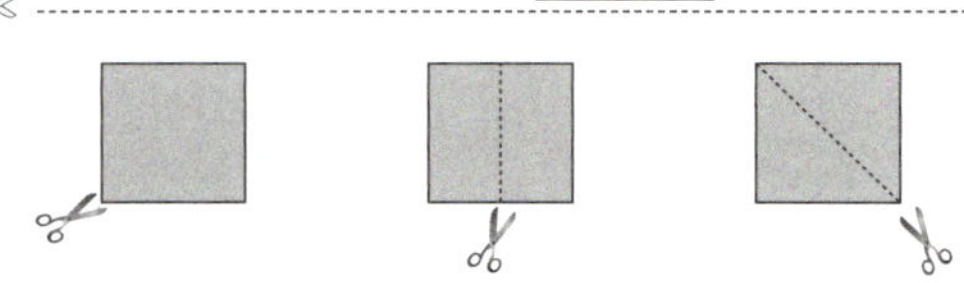

Geometrie im Kopf

MB S. 18/19

① Verbinde den Text mit dem passenden Bild.

- Ein Quadrat liegt zwischen zwei Dreiecken.
- Links und rechts sind Dreiecke, in der Mitte liegt ein Kreis.
- In einem Dreieck liegt ein Kreis. In dem Kreis siehst du ein Quadrat.
- An allen vier Seiten eines Quadrats findest du Dreiecke.
- Unterhalb eines Quadrats liegt zuerst ein Rechteck, dann ein Dreieck.
- In einem Quadrat siehst du einen Kreis. Rechts neben dem Quadrat ist ein Rechteck.

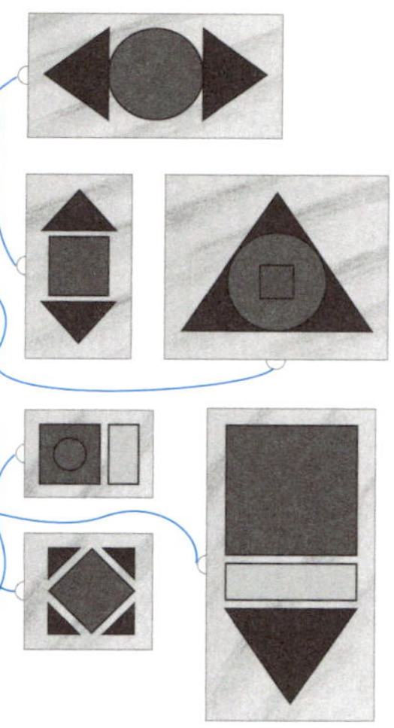

☆ ② Zeichne ein Rechteck. Zeichne dann 2 Linien so ein, dass das Rechteck in 3 Dreiecke zerteilt wird.

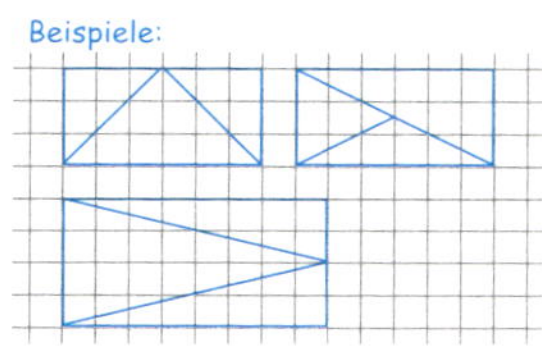

Spannendes am Geobrett

MB S. 20/21

① Spanne einen Gummi ein. Mache aus den Rechtecken …

2 Quadrate / 2 Dreiecke / 2 Rechtecke

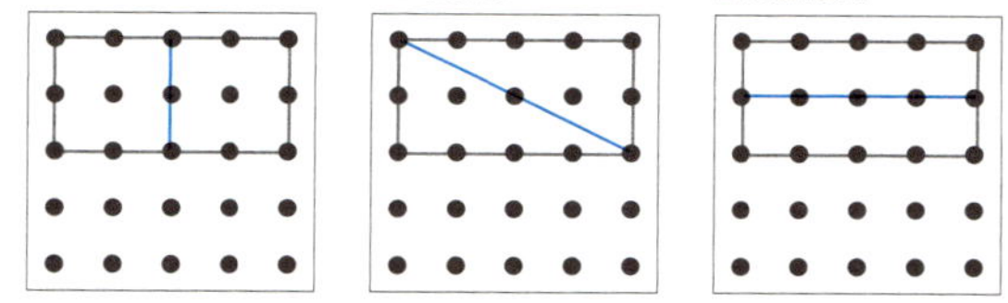

② Spanne zwei Gummis ein. Mache aus dem Quadrat …

4 Quadrate / 4 Dreiecke / 4 Rechtecke

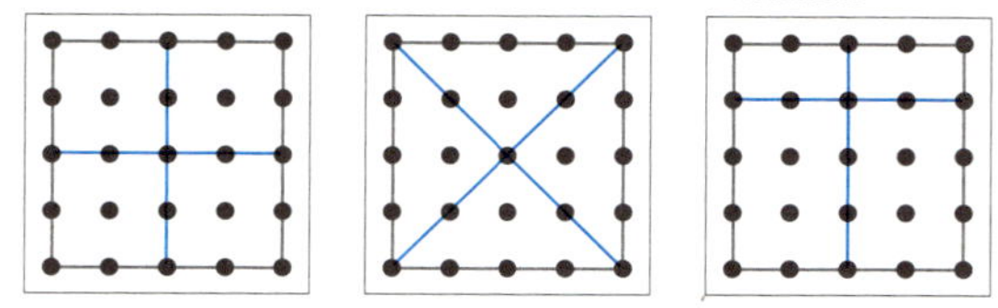

③ Spanne die Figuren nach. Miss die Größe in kleinen Quadraten □.

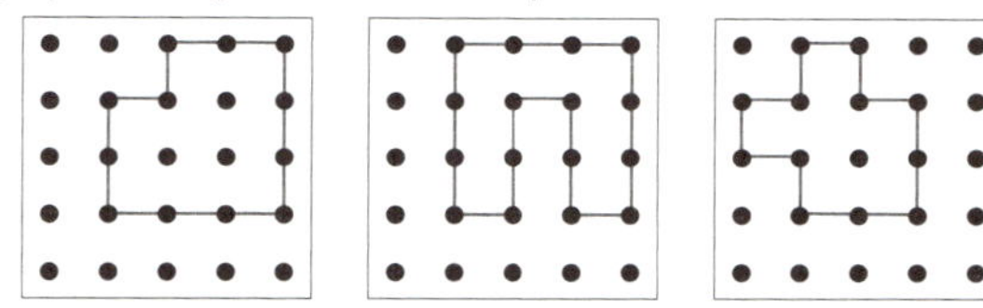

8 □ 7 □ 6 □

☆ ④ Überlege zuerst: Was entsteht, wenn du die Punkte verbindest? Überprüfe dann.

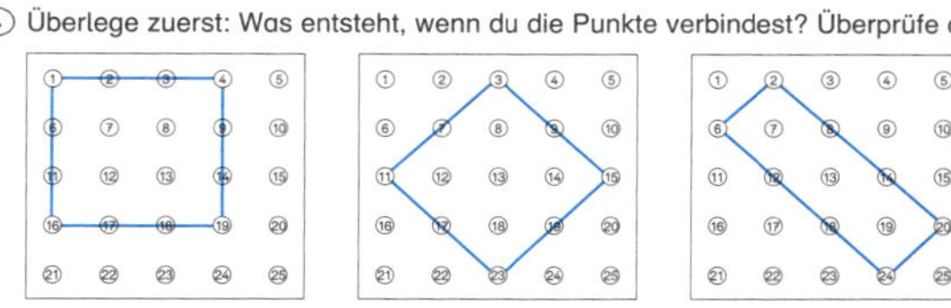

1, 16, 19, 4 11, 3, 15, 23 6, 2, 20, 24

Große Mengen leicht gezählt

MB S. 22/23

① Wie viele Zehner – wie viele Einer? Kreise ein und schreibe auf.

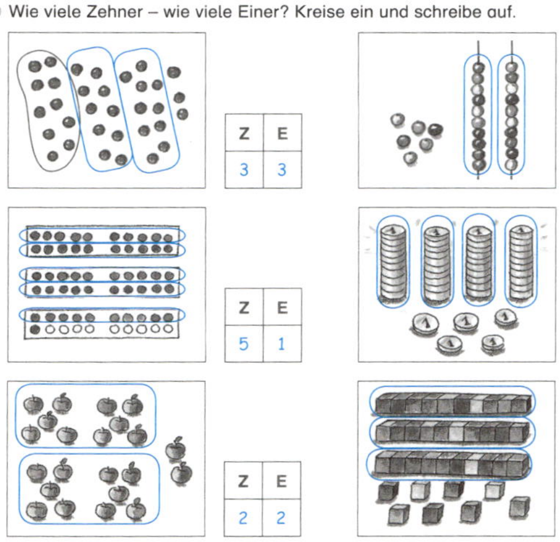

Z	E
3	3

Z	E
2	6

Z	E
5	1

Z	E
4	5

Z	E
2	2

Z	E
3	8

② Male an.

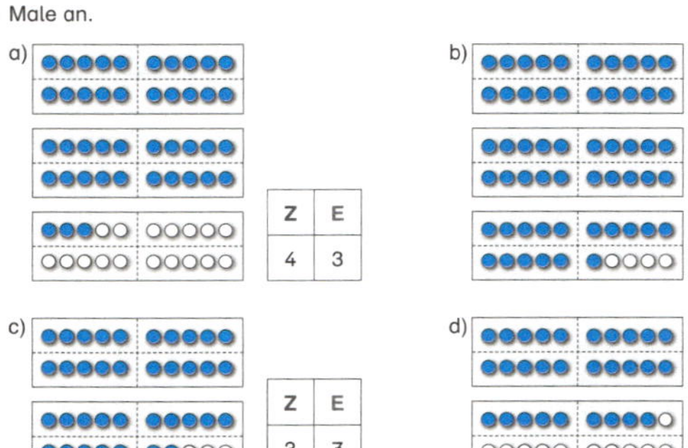

a)

Z	E
4	3

b)

Z	E
5	6

c)

Z	E
3	7

d)

Z	E
2	9

Zehner und Einer ①

MB S. 24/25

① Trage ein.

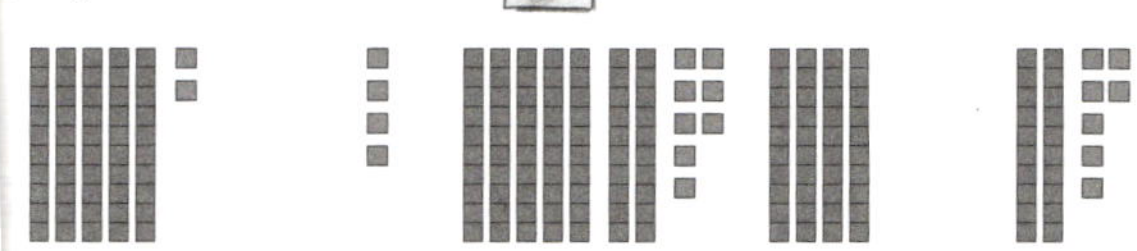

Z	E		Z	E		Z	E		Z	E		Z	E
5	2		0	4		7	8		4	0		2	7

② a) Trage ein. Lies die Zahlen.

Z	E		Z	E		Z	E		Z	E		Z	E
6	7		2	1		5	3		0	8		8	4

b) Lies die Zahlen. Zeichne.

Z	E		Z	E		Z	E		Z	E		Z	E
3	6		9	1		5	5		6	3		1	9

c) Wie heißen diese Zahlen? Zeichne und trage ein.

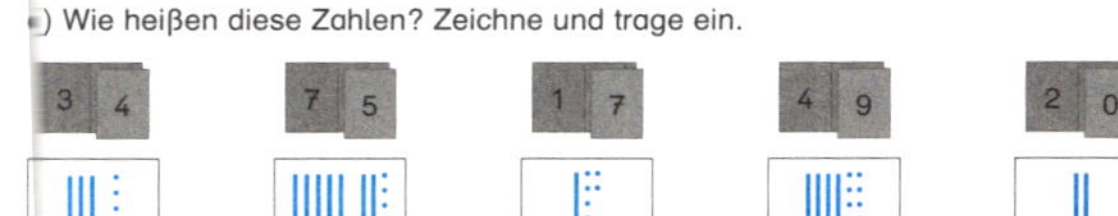

Z	E		Z	E		Z	E		Z	E		Z	E
3	4		7	5		1	7		4	9		2	0

Zehner und Einer ②

MB S. 24/25

① Schreibe diese Zahlen auf.

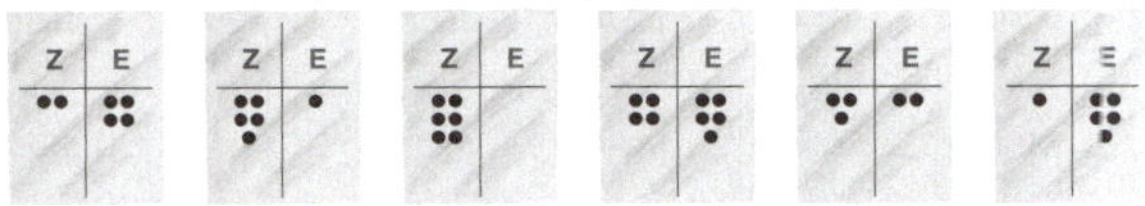

24, 51, 60, 45, 32, 15

② Zeichne in die Stellenwerttafeln jeweils 1 Plättchen dazu.
Welche Zahlen entstehen? Schreibe auf.

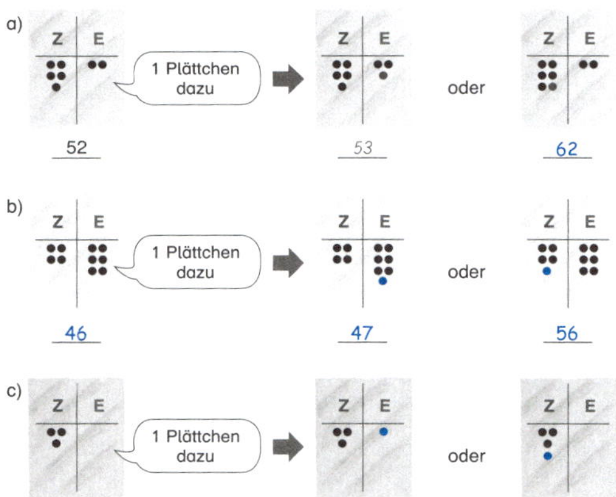

a) 52 → 53 oder 62

b) 46 → 47 oder 56

c) 30 → 31 oder 40

☆ ③ Du hast 5 Plättchen. Zeichne sie in die Stellenwerttafeln.
Welche Zahlen entstehen? Schreibe auf. Findest du alle Möglichkeiten?

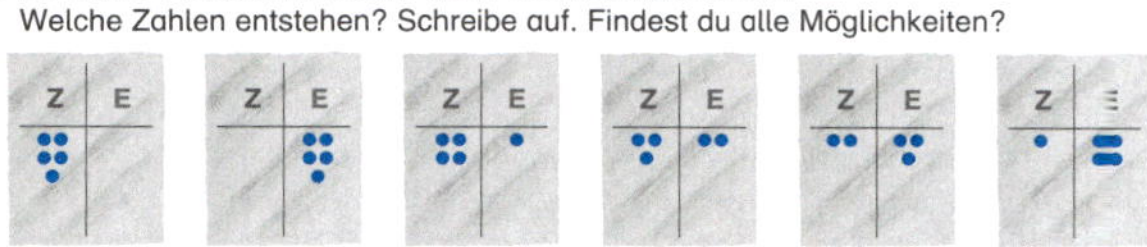

50, 5, 41, 32, 23, 14

Das Hunderterfeld ①

MB S. 26/27

① Welche Rechnungen sind hier dargestellt?

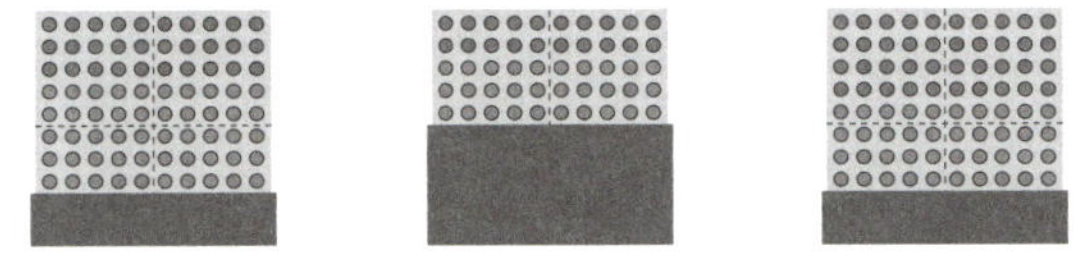

30 + 50 = 80 | 20 + 30 = 50 | 40 + 40 = 80

② Rechne und finde die letzte Aufgabe.

a)	b)	c)
10 + 20 = 30	10 + 90 = 100	20 + 10 = 30
20 + 20 = 40	20 + 80 = 100	20 + 20 = 40
30 + 20 = 50	30 + 70 = 100	20 + 30 = 50
40 + 20 = 60	40 + 60 = 100	20 + 40 = 60
50 + 20 = 70	50 + 50 = 100	20 + 50 = 70

d)	e)	f)
50 – 10 = 40	90 – 50 = 40	90 – 60 = 30
50 – 20 = 30	80 – 40 = 40	80 – 50 = 30
50 – 30 = 20	70 – 30 = 40	70 – 40 = 30
50 – 40 = 10	60 – 20 = 40	60 – 30 = 30
50 – 50 = 0	50 – 10 = 40	50 – 20 = 30

③ Immer zwei Zahlen ergeben zusammen 100. Färbe sie gleich ein.

0	10	20	30	40	50	60	70	80	90	100

④ a) Immer 100

100	
10	90
50	50
80	20
100	0
70	30

100	
40	60
70	30
90	10
80	20
0	100

b) Immer 80

80	
20	60
40	40
70	10
30	50
80	0

c) Immer 90

90	
40	50
10	80
20	70
60	30
0	90

Das Hunderterfeld ②

MB S. 26/27

① Wie heißen die aufgedeckten Zahlen?

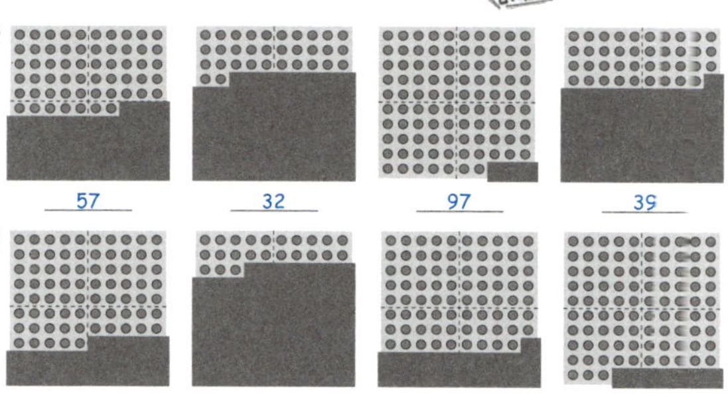

a) 57, 32, 97, 39

b) 75, 23, 79, 93

② Färbe im Hunderterfeld.

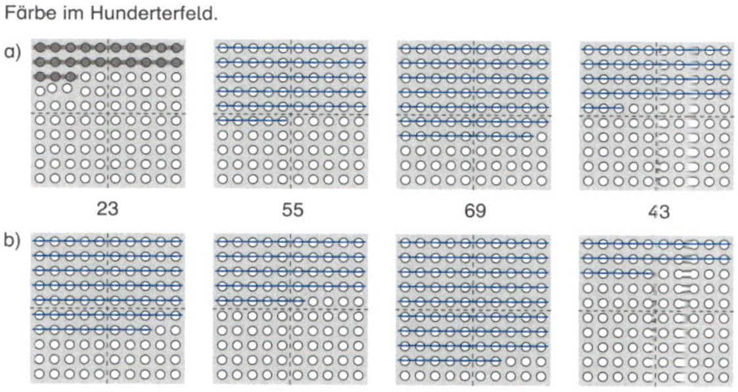

a) 23, 55, 69, 43

b) 68, 46, 87, 25

☆ ③ Wie viele Punkte sind bei ① jeweils verdeckt? Schreibe auf.

a) 43, 68, 3, 61. b) 25, 77, 21, 7.

④ Wie viele Punkte hast du bei ② weiß gelassen?
Schreibe auf.

a) 77, 45, 31, 57. b) 32, 54, 13, 75.

Die Zahlen bis 100 ① – Zahlenbaustelle

MB S. 28/29

① Welche Karten gehören zusammen? Färbe und ergänze.

① vierund-neunzig	② einund-fünfzig	③ sechsund-zwanzig	④ siebenund-siebzig	⑤ achtund-dreißig
④ Z 7, E 7	① Z 9, E 4	③ Z 2, E 6	② Z 5, E 1	⑤ Z 3, E 8
⑤ 3 8	③ 2 6	④ 7 7	① 9 4	② 5 1
②	⑤	③	①	④

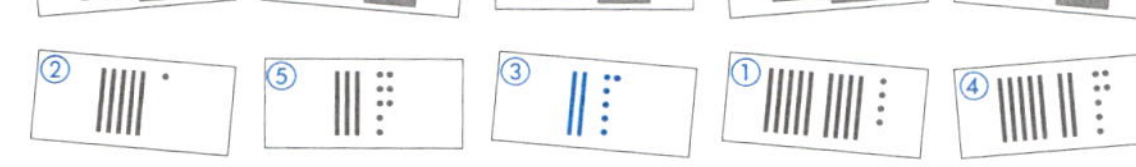

② Wie heißen diese Zahlen? Schreibe sie auf.

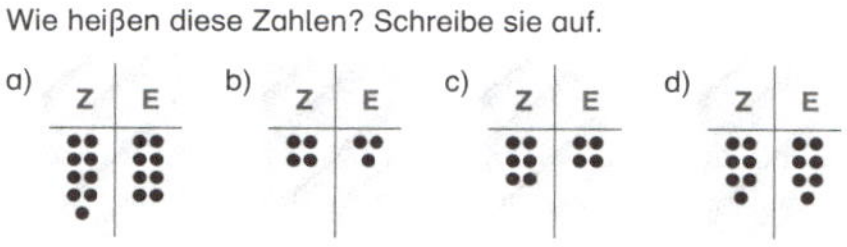

a) 98 b) 43 c) 64 d) 77

③ Zeichne diese Zahlen.

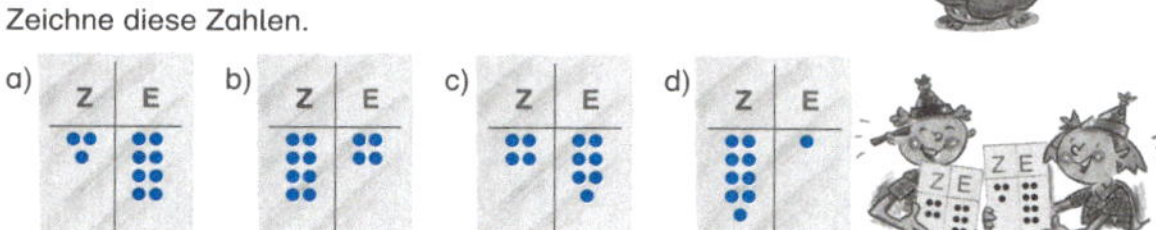

a) 38 b) 84 c) 47 d) 91

④ Bilde alle möglichen Zahlen: 2 5 6 9

Z	E
2	5
2	6
2	9
5	2
5	6
5	9
6	2
6	5
6	9
9	2
9	5
9	6

Die Zahlen bis 100 ② – Zahlenbaustelle

MB S. 28/29

Verbinde die Zahlen der Reihe nach mit den verschiedenen Farben.

rot	orange	braun	grün	blau
1 – 8	9 – 12 13 – 17 18 – 22 23 – 27	28 – 35 36 – 40 83 – 86 87 – 90	41 – 69	70 – 82

Wenn du bei einer roten Zahl angekommen bist, musst du absetzen und zur nächsten Zahl springen.

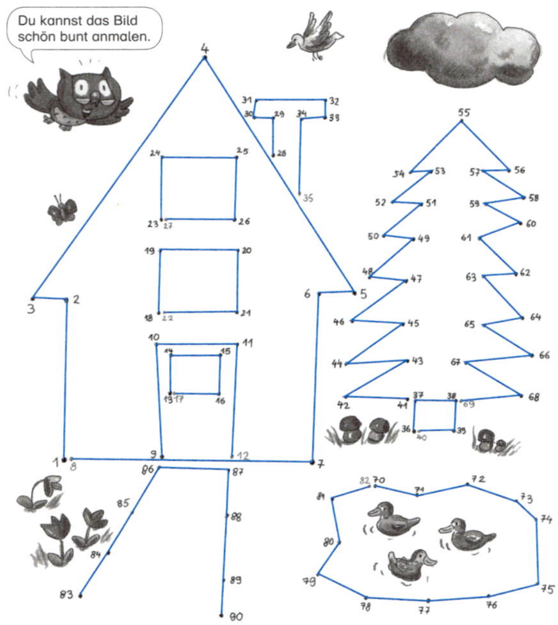

Im Klassenraum – Lagebeziehungen

MB S. 30/31

① Was stimmt? Streiche das falsche Wort durch.

Das Buch liegt auf / ~~unter~~ dem Pult.

Die Hundertertafel hängt ~~über~~ / neben dem Schrank.

Der Papierkorb steht rechts / ~~links~~ von der Tafel.

Die Bücher stehen oben / ~~unten~~ im Schrank.

② Ergänze: neben vor hinter zwischen über unter auf

Die Hefte liegen auf den Tischen.

Der Ranzen steht neben dem Tisch.

Die Ordner stehen im Schrank zwischen den Pinseln und den Büchern.

Die Lehrerin sitzt hinter dem Pult.

Ein Kind steht vor der Tafel.

☆ ③ Male in das Bild …

… ein Haus auf die rechte Tafelseite.

… einen roten Ball unter das Waschbecken.

… ein Kind links neben das Pult.

Fotos von allen Seiten

MB S. 32/33

Welche Kamera hat welche Fotos gemacht?

① 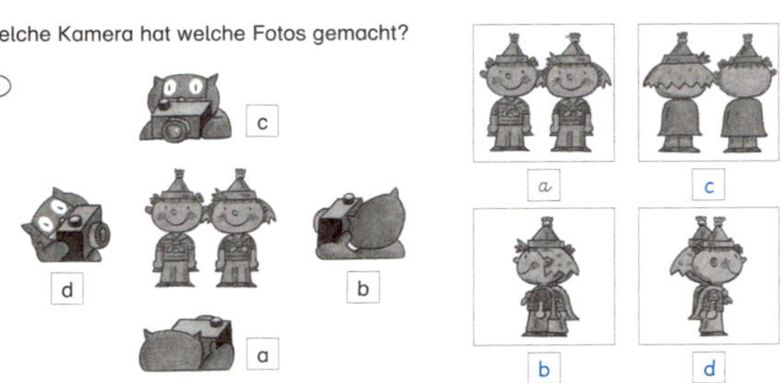

② 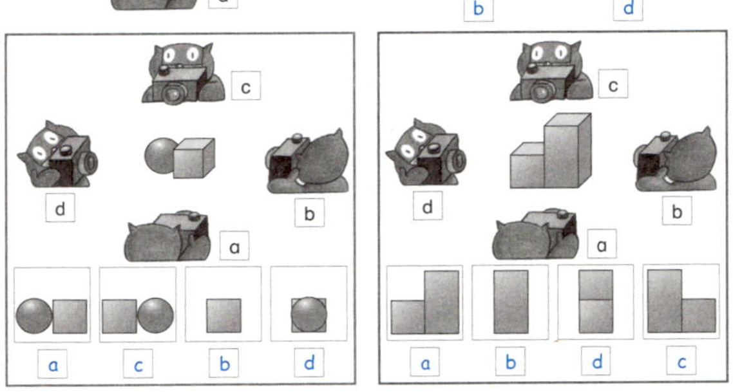

③ 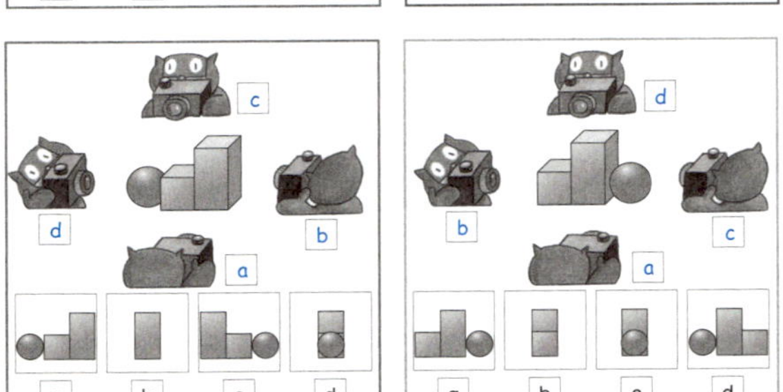

Auf dem Zahlenstrahl

MB S. 34/35

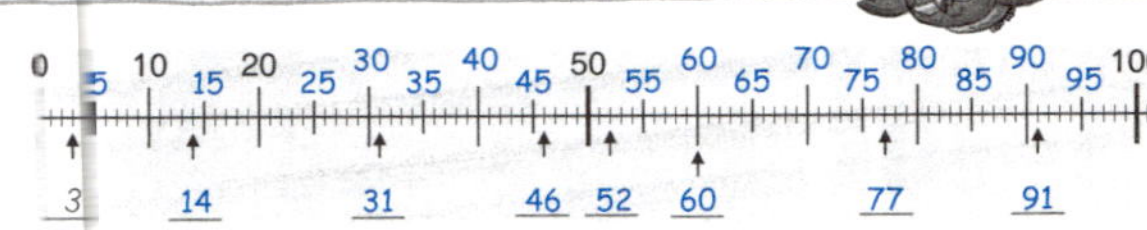

① Trage am Zahlenstrahl ein:
a) alle Zehnerzahlen bis 100 (blau),
b) alle Zahlen mit 5 Einern: 5, 15, 25, 35, … (rot),
c) Wie heißen die Zahlen, auf die die Pfeile zeigen?

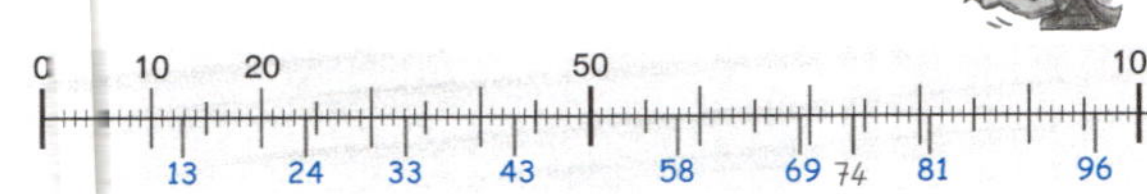

② a) Trage diese Zahlen in den Zahlenstrahl ein:
~~74~~, 81, 43, 69, 24, 96, 13, 58, 33

b) Ordne die Zahlen der Größe nach. Beginne mit der kleinsten Zahl.
13, 24, 33, 43, 58, 69, 74, 81, 96

③ <, > oder =?

a)	b)	c)	d)
89 > 68	72 > 27	70 > 69	23 < 62
23 < 32	73 = 73	75 > 57	36 < 63
46 < 98	89 > 86	43 > 34	43 < 54

④ Nachbarzahlen

a)	b)	c)	d)
27 28 29	30 31 32	58 59 60	39 40 41
28 29 30	60 61 62	28 29 30	19 20 21
29 30 31	80 81 82	78 79 80	89 90 91

⑤ Ergänze die Zahlenfolgen. Der Zahlenstrahl kann helfen.

a) 20, 21, 22, 23, 24, 25, 26
b) 27, 37, 47, 57, 67, 77, 87
c) 100, 99, 98, 97, 96, 95, 94
d) 93, 92, 91, 90, 89, 88, 87

☆
e) 5, 10, 15, 20, 25, 30, 35
f) 40, 45, 50, 55, 60, 65, 70
g) 42, 44, 46, 48, 50, 52, 54
h) 76, 73, 70, 67, 64, 61, 58
i) 79, 77, 75, 73, 71, 69, 67
j) 44, 48, 52, 56, 60, 64, 68

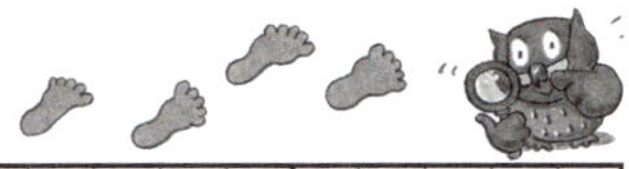

① a) Ergänze die fehlenden Zahlen.
b) Kreise alle Zahlen mit 0 Einern blau ein.
c) Färbe alle ungeraden Zahlen orange.
d) Färbe alle Zahlen mit 2 Zehnern gelb.
e) Färbe alle Zahlen mit 5 Zehnern grün.
f) Kreise alle Zahlen mit zwei gleichen Ziffern lila ein.

1	2	3	4	5	6	7	8	9	10
11	12	13	14	15	16	17	18	19	20
21	22	23	24	25	26	27	28	29	30
31	32	33	34	35	36	37	38	39	40
41	42	43	44	45	46	47	48	49	50
51	52	53	54	55	56	57	58	59	60
61	62	63	64	65	66	67	68	69	70
71	72	73	74	75	76	77	78	79	80
81	82	83	84	85	86	87	88	89	90
91	92	93	94	95	96	97	98	99	100

② Ausschnitte aus der Hundertertafel:
Welche Zahlen fehlen hier? Trage sie ein.

- 13, 23, 33, 43, 44, 45
- 36, 37, 38, 47, 57, 67
- 61, 72, 83, 74, 65
- 58, 59, 60, 68, 78, 79, 80, 88, 98, 99, 100
- 12, 13, 23, 32, 42, 43
- 34, 35, 36, 46, 56, 66, 76
- 79, 88, 89, 90, 99

① Wandere in der Hundertertafel.
a) Erkläre die Schilder:

→ heißt (+1) ↑ heißt (−10)
← heißt (−1) ↓ heißt (+10)

b) Wandere nun von Zahlen in den Kreisen jeweils einen Schritt in alle Richtungen.
Trage die erreichten Zahlen ein.

1	2	3	4	5	6	7	8	9	10
						17			20
					26	(27)	28		30
	32					37			40
41	(42)	43							50
	52	53							60
	62	(63)	64						70
		73					78		80
						87	(88)	89	90
							98		100

② Trage die fehlenden Zahlen ein.

a) → (+1)

35	36
45	46
55	56
65	66
75	76

22	23
74	75
86	87
39	40
47	48

b) ← (−1)

13	14
23	24
33	34
43	44
53	54

59	60
91	92
58	59
86	87
25	26

③ Trage die fehlenden Zahlen ein.

a) ↓ (+10)

22	23	24	25	26
32	33	34	35	36

b) ↑ (−10)

55	56	57	58	59
65	66	67	68	69

④ Rechne.

a) 32 + 1 = 33
32 + 10 = 42
55 + 2 = 57
55 + 20 = 75

b) 98 − 1 = 97
98 − 10 = 88
67 − 3 = 64
67 − 30 = 37

c) 53 + 2 = 55
53 − 2 = 51
53 + 20 = 73
53 − 20 = 33

① Verbinde kleine und große Aufgaben und rechne.

3 + 6 = 9 — 15 − 2 = 13
5 − 2 = 3 — 18 + 2 = 20
8 + 2 = 10 — 13 + 6 = 19

9 − 7 = 2 — 19 − 7 = 12
6 − 4 = 2 — 12 + 6 = 18
2 + 6 = 8 — 16 − 4 = 12

②

Zahl	18	16	20	12	8	14	10	6	4	2
die Hälfte	9	8	10	6	4	7	5	3	2	1

③ Trage ein oder zeichne.

Z	E
4	6

Z	E
2	8

Z	E
3	2

Z	E
5	4

Z	E
7	0

④ Setze die Zahlenfolgen fort.
a) 19, 22, 25, 28, 31, 34, 37
b) 100, 98, 96, 94, 92, 90, 88

⑤ a) 20 + 50 = 70
20 + 5 = 25
20 + 55 = 75
25 + 50 = 75

b) 67 − 30 = 37
67 − 3 = 64
67 − 33 = 34
67 − 7 = 60

c) 40 + 4 = 44
40 + 44 = 84
40 − 4 = 36
40 − 14 = 26

⑥ Zahlenmauern

70 / 40, 30 / 20, 20, 10

100 / 50, 50 / 40, 10, 40

100 / 45, 55 / 20, 25, 30

⑦ Wie heißen die Zahlen?

Meine Zahl hat 8 Zehner und halb so viele Einer. 84

Meine Zahl hat eine 7 und eine Null. 70

Meine Zahl hat 6 Zehner und 5 Einer. 65

① Schätze die Länge und miss dann genau nach.
Beim Schätzen hilft die Daumenbreite.

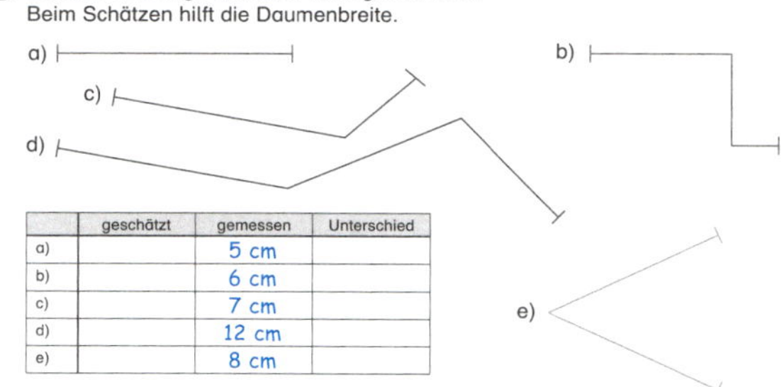

	geschätzt	gemessen	Unterschied
a)		5 cm	
b)		6 cm	
c)		7 cm	
d)		12 cm	
e)		8 cm	

② Diese Tiere sind verkleinert dargestellt.
Wie groß sind die Tiere wirklich? Zeichne.

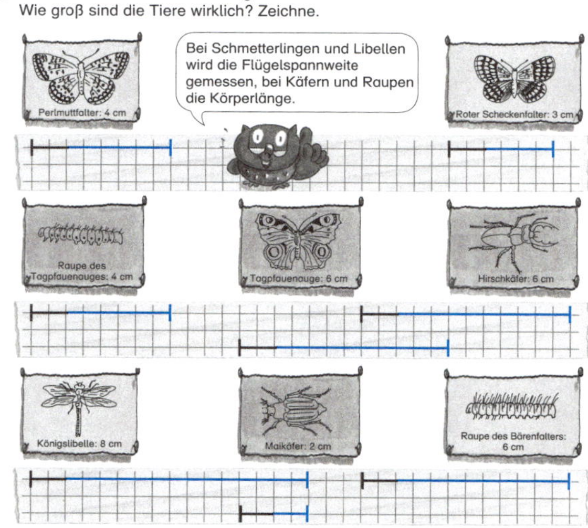

Aufgaben bis 100

MB S. 46/47

① Zeichne und rechne.

a) 9 + 6 = 15

29 + 6 = 35

b) 12 – 4 = 8

22 – 4 = 18

② Rechne die kleine und die große Aufgabe.

a) 7 + 5 = 12
37 + 5 = 42

b) 8 + 7 = 15
48 + 7 = 55

c) 13 – 7 = 6
53 – 7 = 46

d) 11 – 6 = 5
31 – 6 = 25

③ Setze die Reihe fort.

a) 6 + 3 = 9
16 + 3 = 19
26 + 3 = 29
36 + 3 = 39
46 + 3 = 49

b) 9 – 8 = 1
19 – 8 = 11
29 – 8 = 21
39 – 8 = 31
49 - 8 = 41

c) 8 + 6 = 14
18 + 6 = 24
28 + 6 = 34
38 + 6 = 44
48 + 6 = 54

d) 11 – 6 = 5
21 – 6 = 15
31 – 6 = 25
41 – 6 = 35
51 - 6 = 45

Da fallen mir noch mehr Aufgaben ein.

④ a) 14 + 30 = 44
14 + 32 = 46
14 + 36 = 50

b) 88 – 40 = 48
88 – 41 = 47
88 – 45 = 43

c) 3 + 50 = 53
3 + 52 = 55
3 + 56 = 59

d) 79 – 60 = 19
79 – 63 = 16
79 – 69 = 10

Ergänze passende Aufgaben.

e) 27 + 50 = 77
27 + ____
27 + ____

f) 66 – 20 = 46
66 – ____
66 – ____

g) 15 + 30 = 45
15 + ____
15 + ____

h) 99 – 40 = 59
99 – ____
99 – ____

Plusaufgaben bis 100

MB S. 48/49

① Auf die Einer kommt es an. Rechne.

a) 4 + 8 = 12 | 14 + 8 = 22 | 34 + 18 = 52

b) 9 + 5 = 14 | 29 + 5 = 34 | 29 + 25 = 54

c) 6 + 7 = 13 | 16 + 7 = 23 | 36 + 17 = 53

Schau dir die Einer zuerst an.

② Welche kleine Aufgabe hilft? Rechne immer beide Aufgaben.

73 + 9 = 82
3 + 9 = 12

89 + 4 = 93
9 + 4 = 13

87 + 5 = 92
7 + 5 = 12

37 + 8 = 45
7 + 8 = 15

46 + 7 = 53
6 + 7 = 13

56 + 6 = 62
6 + 6 = 12

28 + 3 = 31
8 + 3 = 11

66 + 9 = 75
6 + 9 = 15

③ Rechne und finde die nächsten Aufgaben.

a) 36 + 3 = 39
36 + 13 = 49
36 + 23 = 59
36 + 33 = 69
36 + 43 = 79
36 + 53 = 89
36 + 63 = 99

b) 44 + 4 = 48
44 + 14 = 58
44 + 24 = 68
44 + 34 = 78
44 + 44 = 88
44 + 54 = 98
☆ 44 + 64 = 108

c) 53 + 5 = 58
53 + 15 = 68
53 + 25 = 78
53 + 35 = 88
53 + 45 = 98
☆ 53 + 55 = 108
53 + 65 = 118

Plusaufgaben bis 100 üben ①

MB S. 50/51

① So?
48 + 37 = 85
40 + 30 = 70
8 + 7 = 15

Oder so?
48 + 37 = 85
48 + 30 = 78
78 + 7 = 85

Oder so?
48 + 37 = 85
48 (+ 30, + 7)

Oder?

Rechne auf deinem Weg.

56 + 35 = 91 | 27 + 47 = 74 | 35 + 58 = 93

34 + 57 = 91 | 68 + 23 = 91 | 45 + 46 = 91

74 + 18 = 92 | 36 + 38 = 74 | 38 + 55 = 93

☆ ② Rechne mit der Ergebniszahl weiter.

a) 7 + 8 = 15
59 + 19 = 78
15 + 16 = 31
31 + 28 = 59
78 + 22 = 100
Ziel: 100

b) 6 + 7 = 13
31 + 16 = 47
96 + 3 = 99
47 + 49 = 96
13 + 18 = 31
Ziel: 99

c) 9 + 8 = 17
17 + 18 = 35
62 + 19 = 81
81 + 19 = 100
35 + 27 = 62
Ziel: 100

Plusaufgaben bis 100 üben ②

MB S. 50/51

① Welche Stelle ändert sich jeweils? Überlege und rechne.

a) 36 + 3 = 39
36 + 30 = 66
36 + 33 = 69

23 + 5 = 28
23 + 50 = 73
23 + 55 = 78

15 + 4 = 19
15 + 40 = 55
15 + 44 = 59

12 + 7 = 19
12 + 70 = 82
12 + 77 = 89

b) 16 + 2 = 18
16 + 20 = 36
16 + 22 = 38

33 + 6 = 39
33 + 60 = 93
33 + 66 = 99

45 + 3 = 48
45 + 30 = 75
45 + 33 = 78

32 + 5 = 37
32 + 50 = 82
32 + 55 = 87

② Nahe beim vollen Zehner: Denke an Eulalias Tipp.

27 (+ 20, – 1) 46 47

27 + 19 = 46
27 + 20 – 1 = 46

a) 45 + 29 = 74 (45, + 30, – 1: 74 75)

b) 57 + 39 = 96 (57, + 40, – 1: 96 97)

c) 24 + 59 = 83 (24, + 60, – 1: 83 84)

d) 26 + 49 = 75 (26, + 50, – 1: 75 76)

e) 63 + 19 = 82 (63, + 20, – 1: 82 83)

f) 17 + 69 = 86 (17, + 70, – 1: 86 87)

g) 48 + 39 = 87 (48, + 40, – 1: 87 88)

h) 54 + 29 = 83 (54, + 30, – 1: 83 84)

☆ i) 66 + 39 = 105 (66, + 40, – 1: 105 106)

Plusaufgaben bis 100 üben ③

MB S. 50/51

① Beginne in jedem Päckchen mit der Aufgabe, die für dich am leichtesten ist. Rahme sie ein.

a) [56 + 30 = 86]
56 + 29 = 85
56 + 28 = 84

b) 19 + 39 = 58
[19 + 40 = 59]
19 + 38 = 57

c) 47 + 18 = 65
47 + 19 = 66
[47 + 20 = 67]

d) 69 + 24 = 93
[70 + 24 = 94]
68 + 24 = 92

e) [40 + 48 = 88]
38 + 48 = 86
39 + 48 = 87

f) 78 + 17 = 95
[80 + 17 = 97]
79 + 17 = 96

② Rechne auf deinem Weg

45 + 27 = 72
63 + 18 = 81
56 + 34 = 90

32 + 44 = 76
57 + 16 = 73
28 + 61 = 89

79 + 23 = 102
43 + 28 = 71
46 + 39 = 85

58 + 35 = 93
62 + 38 = 100
26 + 73 = 99

37 + 26 = 63
68 + 25 = 93
52 + 48 = 100

Schöne Parkette

MB S. 52/53

① Zeichne weiter.

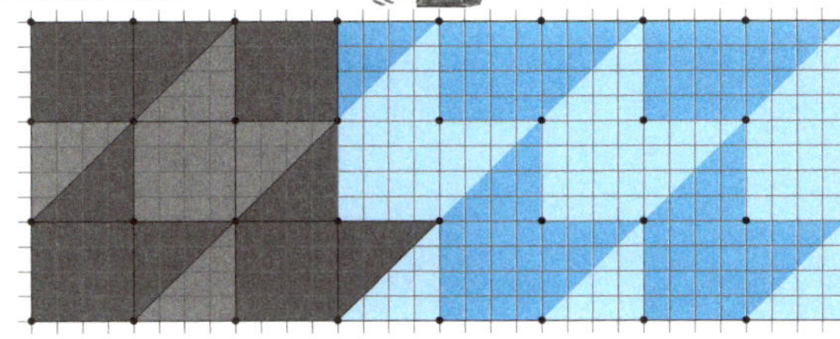

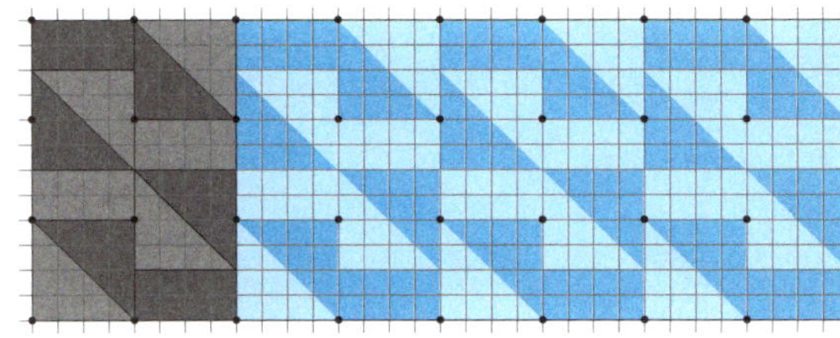

☆ ②

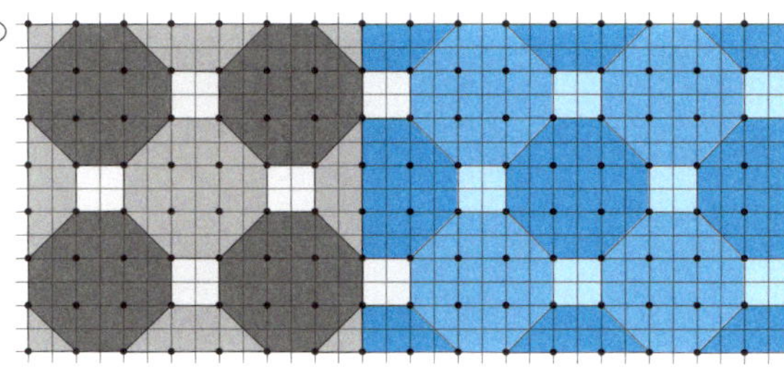

Vom Quadrat zum Riesenrochen

MB S. 52/53

① Setze die Parkette fort.

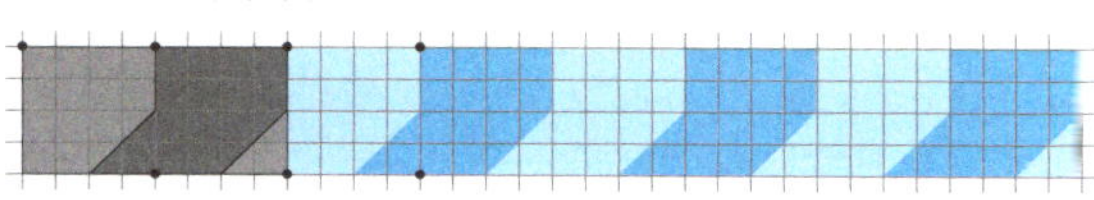

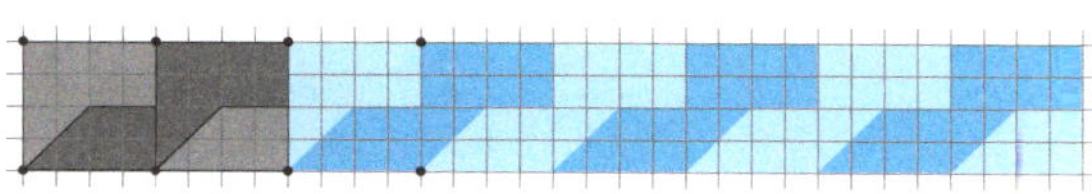

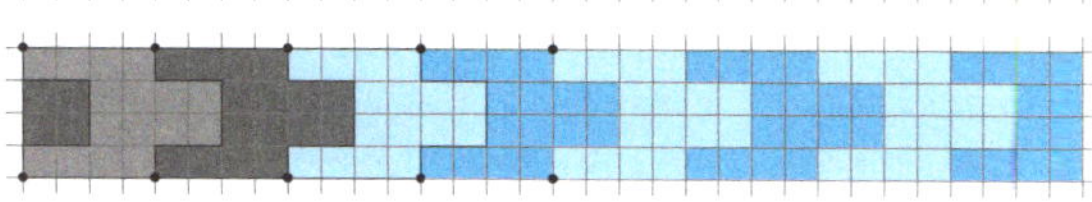

② Vom Quadrat zum Frosch. Setze fort.

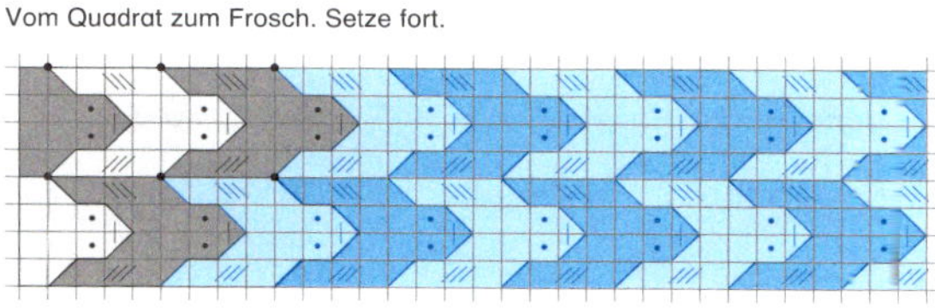

☆ ③ Vom Quadrat zum Riesenrochen. Setze fort.

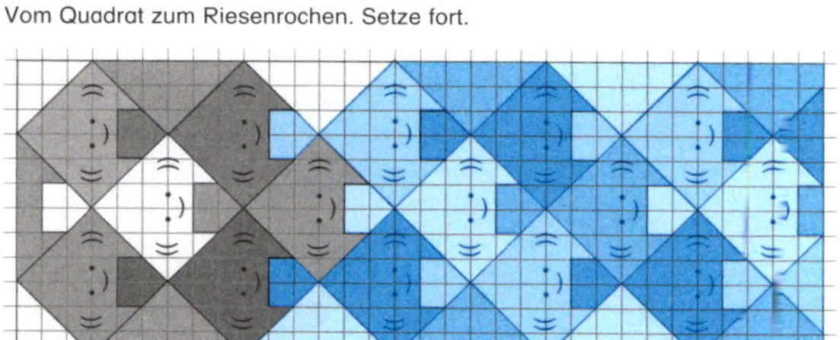

Minusaufgaben bis 100 ①

MB S. 54/55

① Auf die Einer kommt es an. Rechne.

a)

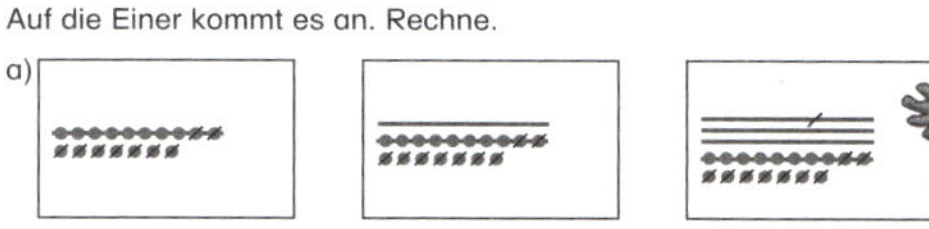

17 – 9 = 8
27 – 9 = 18
47 – 19 = 28

b)

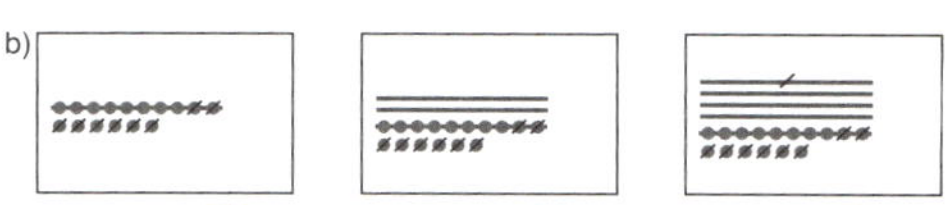

16 – 8 = 8
36 – 8 = 28
56 – 18 = 38

c)

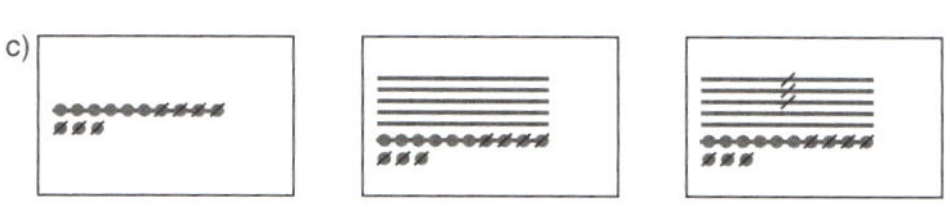

13 – 7 = 6
63 – 7 = 56
63 – 37 = 26

d)

16 – 9 = 7
36 – 9 = 27
56 – 19 = 37

② Welche kleine Aufgabe hilft? Rechne beide Aufgaben.

a) 72 – 9 = 63
12 – 9 = 3

84 – 7 = 77
14 – 7 = 7

55 – 7 = 48
15 – 7 = 8

33 – 8 = 25
13 – 8 = 5

b) 42 – 6 = 36
12 – 6 = 6

23 – 5 = 18
13 – 5 = 8

64 – 6 = 58
14 – 6 = 8

100 – 7 = 93
10 – 7 = 3

③ Welche Stelle ändert sich jeweils? Rechne.

16 – 8 = 8
36 – 20 = 16
36 – 28 = 8

13 – 6 = 7
53 – 30 = 23
53 – 36 = 17

14 – 6 = 8
94 – 40 = 54
94 – 46 = 48

12 – 5 = 7
72 – 50 = 22
72 – 55 = 17

Wir ordnen Minusaufgaben

MB S. 56/57

① Verbinde Bild mit Aufgabe und dann mit dem passenden Hut.

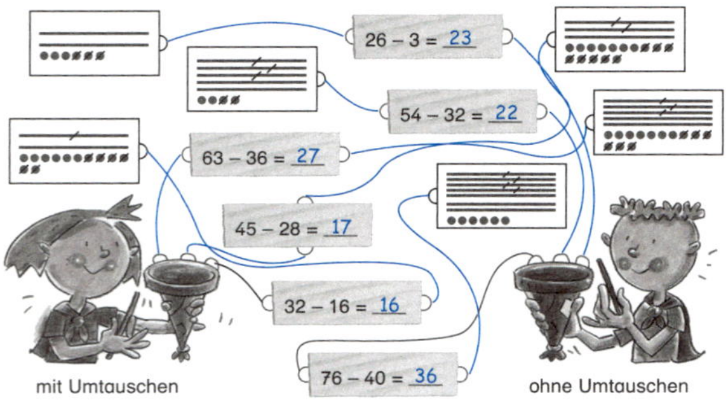

② Zeichne und rechne.

a)

56 – 3 = 53 | 56 – 30 = 26 | 56 – 33 = 23

b)

33 – 20 = 13 | 33 – 5 = 28 | 33 – 25 = 8

③ Welche Stelle ändert sich jeweils? Rechne.

a) 53 – 8 = 45 | 97 – 8 = 89
53 – 30 = 23 | 97 – 40 = 57
53 – 38 = 15 | 97 – 48 = 49

b) 88 – 9 = 79 | 64 – 5 = 59
88 – 40 = 48 | 64 – 50 = 14
88 – 49 = 39 | 64 – 55 = 9

c) 64 – 2 = 62 | 86 – 4 = 82
64 – 30 = 34 | 86 – 30 = 56
64 – 32 = 32 | 86 – 34 = 52

d) 79 – 6 = 73 | 56 – 5 = 51
79 – 50 = 29 | 56 – 50 = 6
79 – 56 = 23 | 56 – 55 = 1

Minusaufgaben bis 100 ①

MB S. 56/57

① Rechne auf deinem Weg.

72 – 38 = 34 | 65 – 47 = 18 | 84 – 56 = 28
52 – 19 = 33 | 71 – 55 = 16 | 64 – 28 = 36
43 – 15 = 28 | 91 – 66 = 25 | 82 – 51 = 31
48 – 23 = 25 | 64 – 29 = 35 | 53 – 27 = 26

② Rechne und finde die nächste Aufgabe.

a) 75 – 6 = 69 | 33 – 15 = 18 | 72 – 39 = 33 | 98 – 49 = 49
74 – 7 = 67 | 44 – 16 = 28 | 62 – 39 = 23 | 97 – 48 = 49
73 – 8 = 65 | 55 – 17 = 38 | 52 – 39 = 13 | 96 – 47 = 49
72 – 9 = 63 | 66 – 18 = 48 | 42 – 39 = 3 | 95 – 46 = 49

b) 93 – 14 = 79 | 72 – 19 = 53 | 24 – 16 = 8 | 51 – 15 = 36
94 – 15 = 79 | 73 – 18 = 55 | 35 – 17 = 18 | 62 – 26 = 36
95 – 16 = 79 | 74 – 17 = 57 | 46 – 18 = 28 | 73 – 37 = 36
96 – 17 = 79 | 75 – 16 = 59 | 57 – 19 = 38 | 84 – 48 = 36

Minusaufgaben bis 100 ②

MB S. 56/57

① Nahe beim vollen Zehner. Denke an Eulalias Tipp.

a) 83 – 39 = 44 (– 40, +1: 43 44 … 83) | 56 – 29 = 27 (– 30, +1: 26 27 … 56) | 73 – 59 = 14 (– 60, +1: 13 14 … 73)

b) 72 – 49 = 23 (– 50, +1: 22 23 … 72) | 64 – 19 = 45 (– 20, +1: 44 45 … 64) | 81 – 69 = 12 (– 70, +1: 11 12 … 81)

② Beginne in jedem Päckchen mit der Aufgabe, die für dich am leichtesten ist. Rahme sie ein.

a) 68 – 28 = 40 | b) 74 – 39 = 35 | c) 46 – 18 = 28
68 – 29 = 39 | 74 – 40 = 34 | 46 – 19 = 27
68 – 30 = 38 | 74 – 38 = 36 | 46 – 20 = 26

d) 94 – 22 = 72 | e) 85 – 50 = 35 | f) 57 – 49 = 8
94 – 21 = 73 | 85 – 49 = 36 | 57 – 50 = 7
94 – 20 = 74 | 85 – 48 = 37 | 57 – 48 = 9

③ Rechne auf deinem Weg.

45 – 25 = 20 | 63 – 15 = 48 | 56 – 38 = 18
32 – 24 = 8 | 57 – 38 = 19 | 88 – 69 = 19

Übung macht den Meister ⊕

MB S. 58/59

① Ergänze zum nächsten Zehner.

a) 27 + 3 = 30 | b) 34 + 6 = 40 | c) 33 + 7 = 40 | d) 48 + 2 = 50
58 + 2 = 60 | 91 + 9 = 100 | 32 + 8 = 40 | 36 + 4 = 40
82 + 8 = 90 | 76 + 4 = 80 | 37 + 3 = 40 | 51 + 9 = 60
65 + 5 = 70 | 43 + 7 = 50 | 59 + 1 = 60 | 49 + 1 = 50

② Rechne zuerst die Aufgabe, die dir am einfachsten erscheint.

a) 35 + 27 = 62 | b) 68 + 13 = 81 | c) 44 + 44 = 88 | d) 49 + 38 = 87
35 + 26 = 61 | 68 + 12 = 80 | 45 + 44 = 89 | 50 + 38 = 88
35 + 25 = 60 | 68 + 11 = 79 | 46 + 44 = 90 | 51 + 38 = 89
35 + 24 = 59 | 68 + 10 = 78 | 47 + 44 = 91 | 52 + 38 = 90

③ Immer zwei Rechnungen haben das gleiche Ergebnis. Verbinde.

a) 54 + 27 = 81 | 25 + 30 = 55
66 + 16 = 82 | 51 + 30 = 81
17 + 38 = 55 | 62 + 20 = 82

b) 45 + 37 = 82 | 50 + 15 = 65
48 + 17 = 65 | 40 + 13 = 53
37 + 16 = 53 | 50 + 32 = 82

④ Ergänze die fehlenden Zahlen so, dass immer 2 Rechnungen das gleiche Ergebnis haben. Verbinde.

a) 40 + 8 = 48 | 38 + 10 = 48
62 – 16 = 78 | 35 + 14 = 49
24 + 25 = 49 | 71 + 7 = 78

b) 60 + 36 = 96 | 28 + 3 = 31
12 + 19 = 31 | 93 + 3 = 96
33 + 17 = 50 | 45 + 5 = 50

Übung macht den Meister ⊖

MB S. 60/61

① Rechne nur die Aufgaben, bei denen der Zehner „geknackt“ wird.

a)	b)	c)	d)
45 – 38 = 7	96 – 83 = ___	33 – 26 = 7	76 – 69 = 7
84 – 62 = ___	72 – 65 = 7	96 – 89 = 7	58 – 41 = ___
42 – 28 = 14	59 – 26 = ___	45 – 39 = 6	83 – 59 = 24
41 – 33 = 8	51 – 37 = 14	34 – 16 = 18	38 – 27 = ___

☆ ② Ergänze die fehlenden Zahlen so, dass immer 2 Rechnungen das gleiche Ergebnis haben.

a)
40 – 8 = 32 — 62 – 30 = 32
32 – 15 = 17 — 92 – 17 = 75
88 – 13 = 75 — 27 – 10 = 17

b)
100 – 16 = 84 — 36 – 24 = 12
75 – 26 = 49 — 93 – 9 = 84
29 – 17 = 12 — 56 – 7 = 49

③ a) Ergänze die fehlenden Zahlen.

Mauer 1	Mauer 2	Mauer 3	Mauer 4
78	63	82	99
64 · 14	21 · 42	52 · 30	71 · 28
52 · 12 · 2	13 · 8 · 34	40 · 12 · 18	51 · 20 · 8

☆ b) Knobelmauern.

Mauer 1	Mauer 2	Mauer 3	Mauer 4
76	85	100	99
43 · 33	34 · 51	73 · 27	91 · 8
23 · 20 · 13	13 · 21 · 30	64 · 9 · 18	90 · 1 · 7

Bist du fit? ②

MB S. 62/63

① Rechne auf deinem Weg.

27 + 38 = 65	65 + 27 = 92	24 + 59 = 83
52 + 19 = 71	23 + 57 = 80	64 + 28 = 92
43 – 25 = 18	82 – 66 = 16	77 – 53 = 24
43 – 22 = 21	53 – 29 = 24	72 – 27 = 45

② Rechne und finde die letzte Aufgabe.

48 + 2 = 50	23 + 18 = 41	75 – 6 = 69	33 – 15 = 18
47 + 3 = 50	24 + 18 = 42	74 – 7 = 67	44 – 16 = 28
46 + 4 = 50	25 + 18 = 43	73 – 8 = 65	55 – 17 = 38
45 + 5 = 50	26 + 18 = 44	72 – 9 = 63	66 – 18 = 48

③ Zahlenmauern.

Mauer 1	Mauer 2	☆ Mauer 3
98	99	100
41 · 57	45 · 54	43 · 57
17 · 24 · 33	32 · 13 · 41	17 · 26 · 31

Lesen – fragen – rechnen

MB S. 34/65

① Verbinde und rechne.

Simsala und Bim backen Lebkuchen.
Simsala formt 20, Bim 16.
Eulalia bringt noch 18 Lebkuchen mit.

Wie viele Lebkuchen haben Simsala und Bim zusammen?	Wie viele Lebkuchen bringt Eulalia mit?	Wie viele Lebkuchen haben Simsala, Bim und Eulalia insgesamt?

36 + 18 = 54 | 20 + 16 = 36 | 20 + 16 + 18 = 54 | 18

② a) Streiche die Sätze und Wörter weg, die du zum Rechnen nicht brauchst.

~~Simsala sitzt am Fensterbrett.~~
Sie zaubert ~~aus ihrem Zauberhut~~ 100 Nüsse.
~~Danach ruht sie sich aus.~~
Dann schenkt sie Bim 25 Nüsse.
Eulalia gibt sie ebenfalls 25 Nüsse.
Nun isst Simsala noch 6 Nüsse auf.
~~Danach legt sie sich ins Bett.~~

b) Bei welchen Fragen musst du rechnen?
Färbe sie. Verbinde sie mit der passenden Rechnung.

Wie viele Nüsse schenkt Simsala Eulalia?	Wie viele Nüsse verschenkt Simsala insgesamt?	Wie viele Nüsse zaubert Simsala aus dem Hut?	Wie viele Nüsse nimmt Simsala insgesamt weg?
25	25 + 25 + 6 = 56	25 + 25 = 50	100

Zum Überlegen: Zwei Fragen sind nicht gefärbt.
Erkläre: Warum brauchst du hier keine Rechnung?

c) Wie viele Nüsse hat Simsala noch übrig?
Rechne und antworte.

100 – 56 = 44

Simsala hat noch 44 Nüsse übrig.

Im Kalender ①

MB S. 66/67

① Richtig oder falsch?

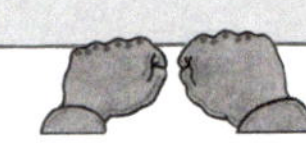

	r	f
a) Der November hat mehr Tage als der Juni.	○	⊗
b) Der März hat genauso viele Tage wie der Mai.	⊗	○
c) Der September hat weniger Tage als der Januar.	⊗	○
d) Der kürzeste Monat ist der Februar.	⊗	○
e) Alle Monate, die mit M beginnen, haben 31 Tage.	⊗	○

② Verbinde.

10.04.11 — 10. April 2011
10.05.11 — 10. Mai 2011
31.12.11 — 31. Dezember 2011
13.02.11 — 13. Februar 2011

③ Ergänze die fehlenden Angaben.
Finde weitere "besondere" Tage in diesem Jahr.

Festtage / wichtige Ereignisse	Wochentag	Datum
Mein Geburtstag		
Beginn der Sommerferien		
Tag der deutschen Einheit		3. Oktober
1. Weihnachtstag		25. Dezember
Nikolaus		6. Dezember
Silvester		31. Dezember

Im Kalender ②

MB S. 66/67

① Schreibe alle Sonntage im Februar 2011 auf.

Februar 2011						
Mo	Di	Mi	Do	Fr	Sa	So
	1	2	3	4	5	6
7	8	9	10	11	12	13
14	15	16	17	18	19	20
21	22	23	24	25	26	27
28						

6. Februar | 13. Februar | 20. Februar | 27. Februar

② Welcher Wochentag ist das?

3.2. Donnerstag 12.2. Samstag

25.2. Freitag 28.2. Montag

③ Jeden Mittwoch haben Simsala und Bim Zauberkurs.
Schreibe das jeweilige Datum zu den Tagen auf.

2. Februar | 9. Februar | 16. Februar | 23. Februar

④ Angenommen, heute wäre Sonntag, der 6. Februar. Ergänze die Liste.

vorgestern	Freitag, 4. Februar
gestern	Samstag, 5. Februar
heute	Sonntag, 6. Februar
morgen	Montag, 7. Februar
übermorgen	Dienstag, 8. Februar

Nicht vergessen:
26.2. Faschingsfeier im Zauberwald
11.2. Eulalias Geburtstag
6.2. Skifahren
23.2. Zaubervorstellung

⑤ Simsala hat für Bim Termine notiert.
Übertrage sie in Bims Terminkalender.

FEBRUAR 2011

1			15		
2			16		
3			17		
4			18		
5			19		
6	So	Skifahren	20		
7			21		
8			22		
9			23	Mi	Zaubervorstellung
10			24		
11	Fr	Eulalias Geburtstag	25		
12			26	Sa	Faschingsfeier
13			27		
14			28		

Kinder, wie die Zeit vergeht!

MB S. 68/69

① Rätsel

a) Paul ist 45 Jahre jünger als sein Onkel Thomas. Thomas ist 52. Wie alt ist Paul?

R: 52 – 45 = 7
A: Paul ist 7 Jahre alt.

b) Fred ist 12. Er ist doppelt so alt wie Anja und halb so alt wie Emma. Wie alt sind Anja und Emma?

R: 6 + 6 = 12, 12 + 12 = 24
A: Anja ist 6 und Emma ist 24.

c) Hanna ist 4 Jahre älter als der 13-jährige Tim. Wie alt ist Hanna?

R: 13 + 4 = 17
A: Hanna ist 17 Jahre alt.

☆ Was ist hier los?
Verändere die Fragen so, dass du etwas rechnen kannst.

a) Leon hat 8 Sachbücher, 6 Tierbücher und 7 Krimis. Wie alt ist Leo?

F: Wie viele Bücher hat Leon?
R: 8 + 6 + 7 = 21
A: Leon hat 21 Bücher.

b) Nico ist 5 Jahre älter als seine 3-jährige Schwester. Wie heißt die Schwester?

F: Wie alt ist Nico?
R: 3 + 5 = 8
A: Nico ist 8 Jahre alt.

c) Die Zwillinge Susi und Anna sind zusammen 14 Jahre alt. Wie alt ist ihr Bruder?

F: Wie alt sind die Zwillinge?
R: 7 + 7 = 14
A: Beide sind 7 Jahre alt.

Geometrische Körper

MB S. 70/71

① Male an.

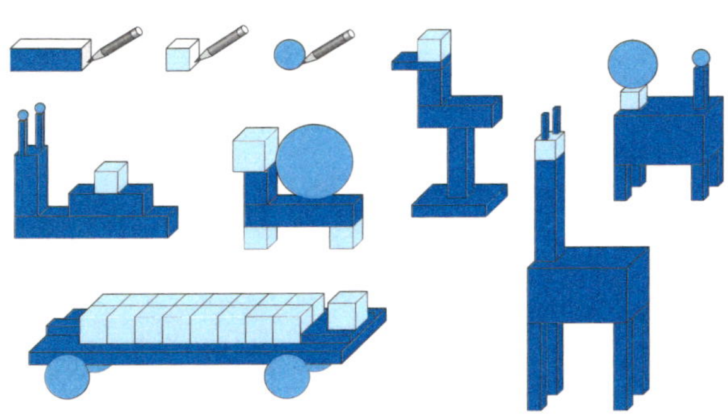

② Aus welchen Körpern sind die Bauwerke gebaut?
Zähle und trage in die Tabelle ein.

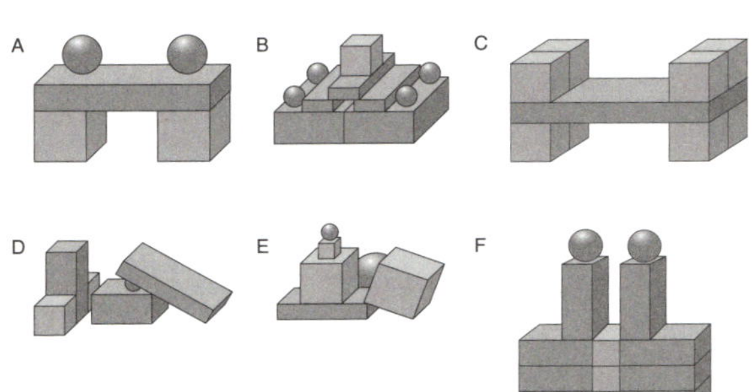

	A	B	C	D	E	F
Kugel	2	4	0	1	2	2
Würfel	2	1	8	2	3	2
Quader	1	5	1	3	1	7

Würfel, Quader und Kugel

MB S. 72/73

① Wie heißen die Körper?

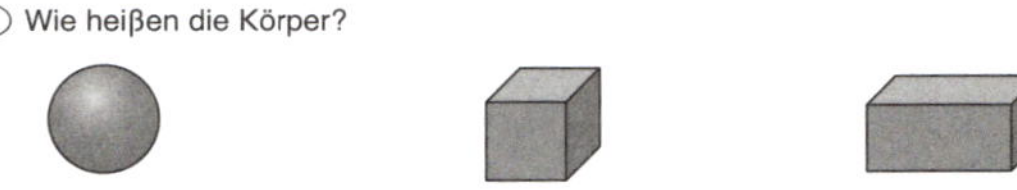

Kugel | Würfel | Quader

② Kreise mit der entsprechenden Farbe ein.

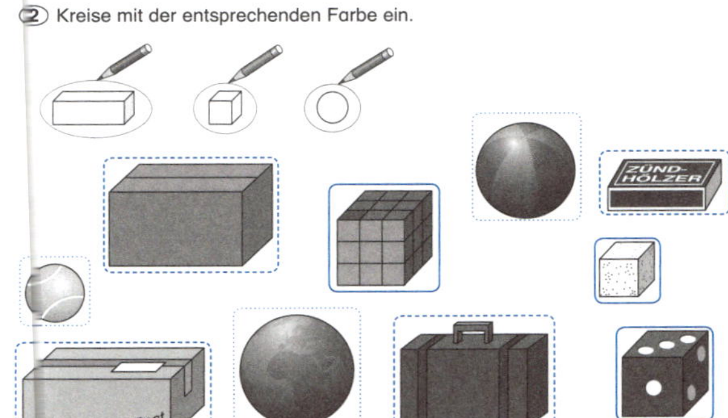

③ Verbinde Steckbrief, Bild und Namen.

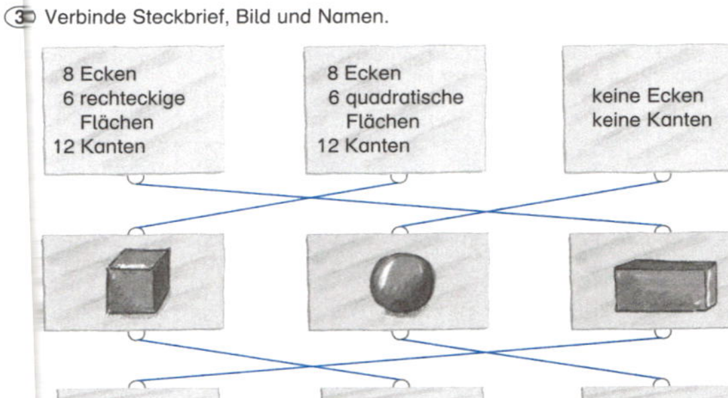

Euro und Cent ①

MB S. 76/77

① Zähle das Geld.

a)

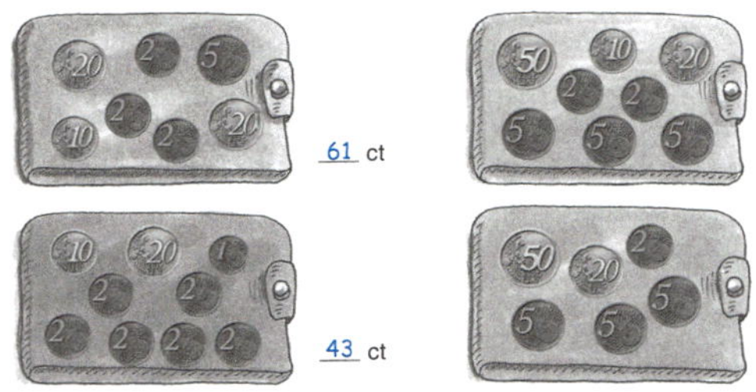

61 ct — 99 ct — 43 ct — 87 ct

b)

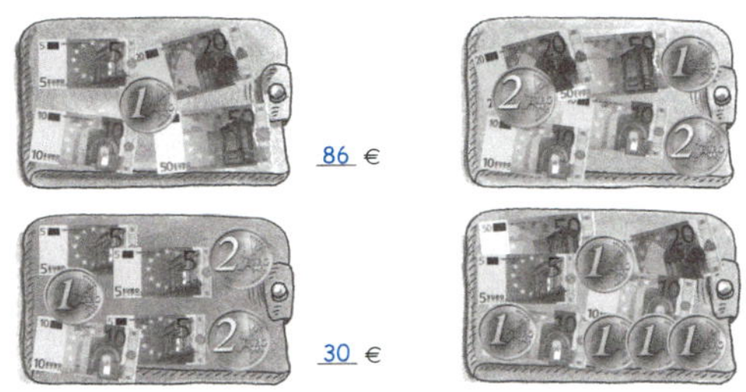

86 € — 95 € — 30 € — 100 €

② Wie viel Geld ist im Sparschwein?

3 € 27 ct — 3 € 24 ct — 5 € 42 ct

Euro und Cent ②

① In welche Scheine und Münzen kannst du wechseln? Trage ein.

(10-€-Schein)

a) 5 € | 5 € b) 2 € 2 € 2 € 1 € 1 € 1 € 1 €

c) 5 € 2 € 2 € 1 €

d) 5 € 1 € 1 € 1 € 1 € 1 €

(20-€-Schein)

a) 10 € | 5 € | 5 € b) 10 € | 10 €

c) 10 € | 5 € | 1 € 1 € 1 € 1 € 1 €

d) 10 € | 2 € 2 € 2 € 1 € 1 € 1 € 1 €

② Welche Münze fehlt auf 1 €?

10 ct — 50 ct — 5 ct — 20 ct

③ Welcher Schein fehlt auf 50 €?

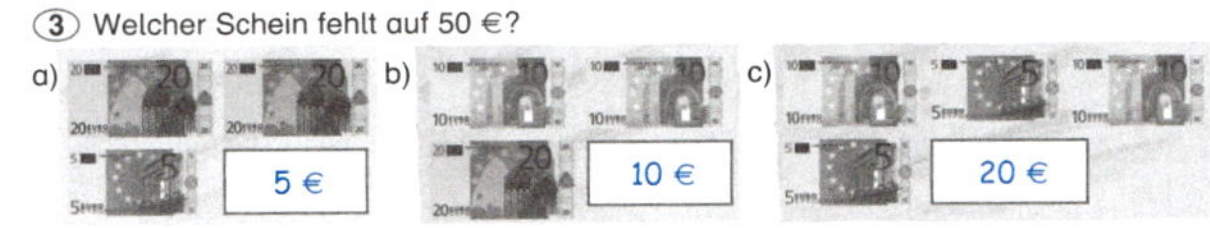

a) 5 € b) 10 € c) 20 €

④ Ergänze.

a) 50 € + 20 € + 10 € + 5 € + 5 € + 10 € = 100 €

b) 50 € + 20 € + 10 € + 10 € + 5 € + 5 € = 100 €

c) 50 € + 20 € + 20 € + 10 € + 0 € = 100 €

Einkaufen und bezahlen

MB S. 78/79

① Wie könntest du diese Geldbeträge legen? Finde 2 Möglichkeiten.

Preis	2 €	1 €	50 ct	20 ct	10 ct	5 ct	2 ct	1 ct
4 € 44 ct	2	–	–	–	4	–	2	–
	1	2	-	2	-	-	-	4
2,86 €	1	-	1	1	1	1	-	1
	-	1	3	-	3	-	3	-
9,61 €	4	1	1	-	1	-	-	1
	4	-	3	-	-	2	-	1

z. B.

② Wie viel Geld bleibt übrig? Zeichne.

gespartes Geld	Wunsch	übriges Geld
50 €	18 €	2 € 20 € 10 €
20 €	7 €	2 € 1 € 10 €
100 €	25 €	5 € 20 € 50 €
50 €	42 €	2 € 1 € 5 €

③ Wie viel Geld fehlt?

gespartes Geld	Wunsch	fehlendes Geld
10 € 5 €	22 €	5 € 2 €
50 € 20 € 2 € 2 €	80 €	2 € 2 € 2 €
50 € 5 € 2 €	61 €	2 € 2 € 20 €
2 € 1 € 10 ct 20 ct 20 ct	5 €	50 ct 1 €

Preise mit Komma und Strich

MB S. 80/81

① a) Schreibweisen und Sprechweisen. Verbinde.

zwei dreißig — 23 Euro — 23 Cent — zwei Euro drei — zwanzig Euro dreißig Cent — zwanzig Euro drei — drei Euro zwei Cent

2,30 € | 20,30 € | 0,23 € | 23,– € | 20,03 € | 3,02 € | 2,03 €

b) Ordne die Preise der Größe nach. Beginne mit dem kleinsten Preis.

0,23 € — 2,03 € — 2,30 € — 3,02 € — 20,03 € — 20,30 € — 23 €

② Wie viel Geld ist es? Trage in die Tabelle ein und schreibe mit Komma.

	Euro Z	Euro E	Cent Z	Cent E	
a)	2	5	5	2	25,52 €
b)	2	5	7	0	25,70 €
c)	1	0	1	0	10,10 €
d)	0	2	0	5	2,05 €
e)	0	0	3	2	0,32 €
f)	0	7	5	1	7,51 €

③ Male gleiche Geldbeträge mit gleicher Farbe an.

■ 522 ct	◆ 5,20 €	▲ 820 ct	● 3,23 €	○ 8 € 2 ct	■ 5,22 €
△ 99 ct	◇ 9 € 91 ct	□ 9,09 €	□ 9 € 9 ct	◇ 9,91 €	△ 0,99 €
✦ 502 ct	○ 8,02 €	● 3 € 23 ct	▲ 8 € 20 ct	◆ 5 € 20 ct	✦ 5 € 2 ct

Bist du fit? ③

① Wie viel Euro hat jedes Kind?

Agata 33

Johannes 41

② Wie viel fehlt?

75 € + 25 € = 100 €   2,00 € + 8,00 € = 10 €   93 ct + 7 ct = 1 €

7 € + 93 € = 100 €   5,50 € + 4,50 € = 10 €   1 ct + 99 ct = 1 €

③

Preis	gegeben	Rückgeld
31 €		4 €
7 € 50 ct		2,50 €
16 €		5 €
5 € 15 ct		5 €

④ Zwei Tage vorher: Welches Datum war da? Schreibe auf.

a) Dezember 30 Donnerstag — Januar 1 Samstag

b) Februar 28./29. Dienstag — März 2 Donnerstag

⑤ a) Tom ist 6 Jahre alt. Seine Schwester Lea ist halb so alt wie er. Sein Bruder Andreas ist doppelt so alt wie er. Wie alt sind Lea und Andreas?

Lea: 3 Jahre

Andreas: 12 Jahre

b) Paulina ist 4 Jahre jünger als ihr Bruder Max. Max ist 9 Jahre alt und 2 Jahre älter als Anna. Wie alt sind Paulina und Anna?

Paulina: 5 Jahre

Anna: 7 Jahre

Malnehmen

① Immer 3 Bilder passen zusammen. Rahme mit der gleichen Farbe ein.

5 + 5 = 10   2 + 2 + 2 = 6   2 · 5 = 10

4 · 4 = 16   4 + 4 + 4 + 4 = 16   3 · 2 = 6

3 + 3 + 3 + 3 = 12   4 · 3 = 12

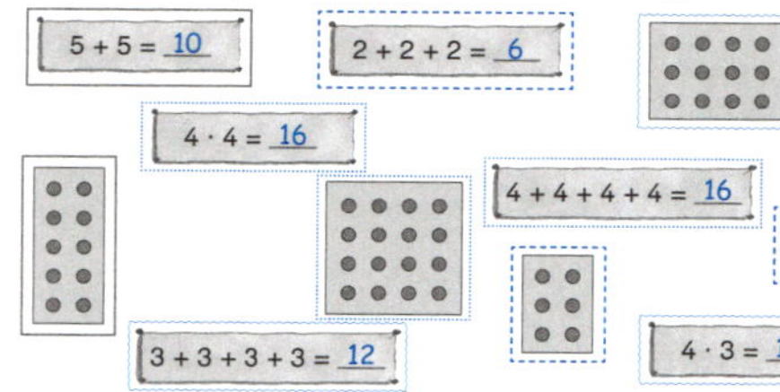

② Male zur Geschichte. Schreibe Plus- und Malrechnungen auf.

a) Bim geht 4-mal zum Birnbaum. Er holt sich jedes Mal 2 Birnen. Wie viele Birnen sind das?

2 + 2 + 2 + 2 = 8

4 · 2 = 8

b) Simsala geht 3-mal in den Garten. Sie holt jedes Mal 6 Rüben. Wie viele Rüben sind das?

6 + 6 + 6 = 18

3 · 6 = 18

③ Schreibe Plus- und Malaufgaben auf. Rechne.

a) 4 + 4 + 4 = 12
3 · 4 = 12

b) 5 + 5 + 5 + 5 = 20
4 · 5 = 20

c) 3 + 3 + 3 + 3 + 3 = 15
5 · 3 = 15

d) 6 + 6 = 12
2 · 6 = 12

Malaufgaben im Hunderterfeld

① Welche Aufgaben passen zu den Bildern? Verbinde und rechne.

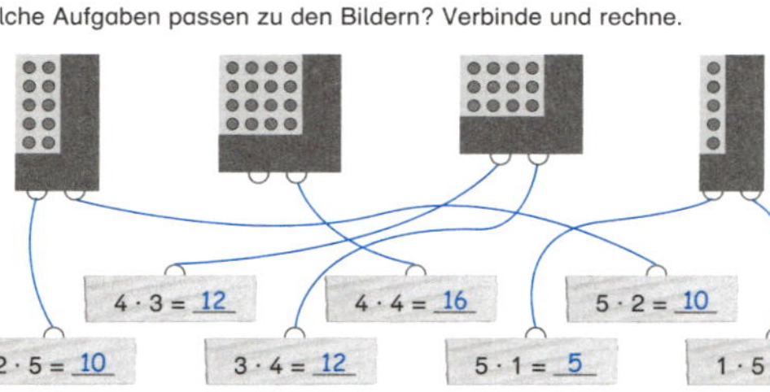

4 · 3 = 12   4 · 4 = 16   5 · 2 = 10

2 · 5 = 10   3 · 4 = 12   5 · 1 = 5   1 · 5 = 5

② Schreibe Aufgabe und Tauschaufgabe auf.

a) 3 · 5 = 15; 5 · 3 = 15

b) 2 · 6 = 12; 6 · 2 = 12

c) 2 · 4 = 8; 4 · 2 = 8

d) 2 · 8 = 16; 8 · 2 = 16

e) 4 · 5 = 20; 5 · 4 = 20

f) 3 · 6 = 18; 6 · 3 = 18

g) 5 · 3 = 15; 3 · 5 = 15

h) 2 · 5 = 10; 5 · 2 = 10

③ Ergebnisse, die du dir merken solltest.

a) 7 · 7 — 49; 6 · 6 — 36; 3 · 3 — 9

b) 8 · 8 — 64; 4 · 4 — 16; 9 · 9 — 81

c) 5 · 5 — 25; 10 · 10 — 100; 2 · 2 — 4

Quadrataufgaben verändern

① Wie heißen die veränderten Aufgaben? Beginne mit der mittleren Aufgabe.

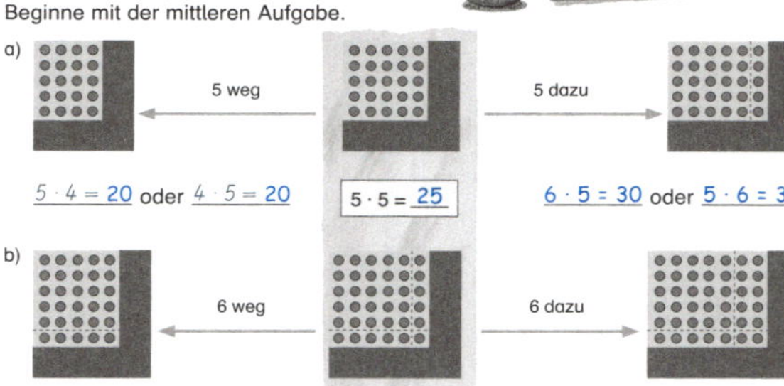

a) 5 · 4 = 20 oder 4 · 5 = 20 | 5 · 5 = 25 | 6 · 5 = 30 oder 5 · 6 = 30

b) 5 · 6 = 30 oder 6 · 5 = 30 | 6 · 6 = 36 | 7 · 6 = 42 oder 6 · 7 = 42

② Verändere die Quadrataufgaben.

a) eine Reihe dazu:

5 · 5 = 25, 6 · 5 = 30; 4 · 4 = 16, 5 · 4 = 20; 7 · 7 = 49, 8 · 7 = 56; 9 · 9 = 81, 10 · 9 = 90; 3 · 3 = 9, 4 · 3 = 12

b) eine Reihe weg:

8 · 8 = 64, 7 · 8 = 56; 10 · 10 = 100, 9 · 10 = 90; 9 · 9 = 81, 8 · 9 = 72; 4 · 4 = 16, 3 · 4 = 12; 7 · 7 = 49, 6 · 7 = 42

③ Welche Quadrataufgabe hilft? Verbinde Aufgabe und Nachbaraufgabe.

a) 6 · 5 = 30 — 5 · 5 = 25; 3 · 4 = 12 — 4 · 4 = 16; 8 · 7 = 56 — 7 · 7 = 49; 8 · 9 = 72 — 9 · 9 = 81

b) 9 · 10 = 90 — 10 · 10 = 100; 2 · 3 = 6 — 3 · 3 = 9; 7 · 8 = 56 — 8 · 8 = 64; 7 · 6 = 42 — 6 · 6 = 36

Verdoppeln ist auch Malnehmen

MB S. 90/91

① Verbinde Plus- und Malaufgabe.

a) 9 + 9 = 18 · 6 + 6 = 12 · 4 + 4 = 8 · 5 + 5 = 10
2 · 4 = 8 · 2 · 9 = 18 · 2 · 6 = 12 · 2 · 5 = 10

b) 3 + 3 = 6 · 8 + 8 = 16 · 7 + 7 = 14 · 10 + 10 = 20
2 · 10 = 20 · 2 · 8 = 16 · 2 · 3 = 6 · 2 · 7 = 14

② Nachbaraufgaben

a) 6 · 2 = 12	b) 8 · 2 = 16	c) 1 · 6 = 6	d) 1 · 10 = 10
7 · 2 = 14	9 · 2 = 18	2 · 6 = 12	2 · 10 = 20
8 · 2 = 16	10 · 2 = 20	3 · 6 = 18	3 · 10 = 30
e) 4 · 2 = 8	f) 1 · 7 = 7	g) 7 · 2 = 14	h) 1 · 4 = 4
5 · 2 = 10	2 · 7 = 14	8 · 2 = 16	2 · 4 = 8
6 · 2 = 12	3 · 7 = 21	9 · 2 = 18	3 · 4 = 12

③ Welche Malaufgabe mit 2 hilft?

a) 3 · 5 = 15	b) 3 · 8 = 24	c) 3 · 7 = 21
2 · 5 = 10	2 · 8 = 16	2 · 7 = 14
d) 3 · 4 = 12	e) 3 · 9 = 27	f) 3 · 6 = 18
2 · 4 = 8	2 · 9 = 18	2 · 6 = 12

Nachbaraufgaben!

☆ ④ Kreise immer eine Aufgabe, ihre Tauschaufgabe und das Ergebnis in der gleichen Farbe ein.

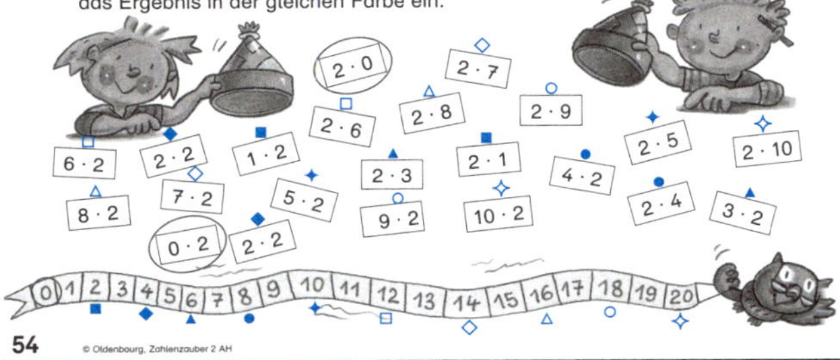

Malaufgaben mit 10

MB S. 92

① Malaufgaben mit 10 rechnen.

1 · 10 = 10	7 · 10 = 70	10 · 9 = 90	10 · 10 = 100
3 · 10 = 30	6 · 10 = 60	10 · 8 = 80	10 · 2 = 20
5 · 10 = 50	4 · 10 = 40	10 · 7 = 70	10 · 0 = 0

② Malaufgaben mit 10 verändern.

a) 10 · 5 = 50	10 · 9 = 90	10 · 7 = 70	10 · 2 = 20	10 · 3 = 30
9 · 5 = 45	9 · 9 = 81	9 · 7 = 63	9 · 2 = 18	9 · 3 = 27
b) 10 · 6 = 60	10 · 10 = 100	10 · 4 = 40	10 · 8 = 80	
9 · 6 = 54	9 · 10 = 90	9 · 4 = 36	9 · 8 = 72	

③ Die Nachbaraufgabe mit 10 hilft. Schreibe auf und rechne zuerst.

9 · 8 = 72	9 · 6 = 54	9 · 7 = 63	9 · 4 = 36	9 · 3 = 27
10 · 8 = 80	10 · 6 = 60	10 · 7 = 70	10 · 4 = 40	10 · 3 = 30

④ Welche Bälle gehören in welchen Korb? Verbinde.

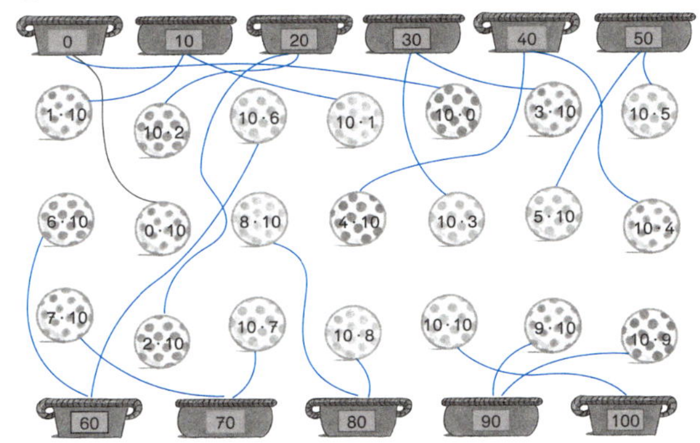

Malaufgaben mit 5

MB S. 33

① Das Doppelte – die Hälfte. Suche zu jeder (·10)-Aufgabe die passende (·5)-Aufgabe. Verbinde und rechne.

a) 3 · 10 = 30 · 5 · 10 = 50 · 4 · 10 = 40
5 · 5 = 25 · 4 · 5 = 20 · 3 · 5 = 15

b) 9 · 10 = 90 · 8 · 10 = 80 · 6 · 10 = 60
6 · 5 = 30 · 9 · 5 = 45 · 8 · 5 = 40

② Rechne aus.

a) 2 · 5 = 10	b) 6 · 5 = 30	c) 1 · 5 = 5	d) 9 · 5 = 45
4 · 5 = 20	5 · 5 = 25	8 · 5 = 40	0 · 5 = 0
3 · 5 = 15	10 · 5 = 50	7 · 5 = 35	1 · 5 = 5

③ Nachbaraufgaben

a) 5 · 5 = 25	b) 8 · 5 = 40	c) 2 · 5 = 10
6 · 5 = 30	9 · 5 = 45	3 · 5 = 15
7 · 5 = 35	10 · 5 = 50	4 · 5 = 20

☆ ④ Schreibe Malaufgaben zu diesen Ergebnissen auf.

20: 2 · 10 = 20; 10 · 2 = 20; 5 · 4 = 20; 4 · 5 = 20

40: 4 · 10 = 40; 10 · 4 = 40; 8 · 5 = 40; 5 · 8 = 40

30: 3 · 10 = 30; 10 · 3 = 30; 6 · 5 = 30; 5 · 6 = 30

☆ 45: 9 · 5 = 45; 5 · 9 = 45; 3 · 15 = 45; 15 · 3 = 45

Einmaleinstraining ①

MB S. 94/95

① Kernaufgaben aus der Einmaleinstabelle

a)

· 2	2 ·	· 5	5 ·
1 · 2 = 2	2 · 1 = 2	1 · 5 = 5	5 · 1 = 5
2 · 2 = 4	2 · 2 = 4	2 · 5 = 10	5 · 2 = 10
3 · 2 = 6	2 · 3 = 6	3 · 5 = 15	5 · 3 = 15
4 · 2 = 8	2 · 4 = 8	4 · 5 = 20	5 · 4 = 20
5 · 2 = 10		5 · 5 = 25	5 · 5 = 25
6 · 2 = 12	2 · 6 = 12	6 · 5 = 30	5 · 6 = 30
7 · 2 = 14	2 · 7 = 14	7 · 5 = 35	5 · 7 = 35
8 · 2 = 16	2 · 8 = 16	8 · 5 = 40	5 · 8 = 40
9 · 2 = 18	2 · 9 = 18	9 · 5 = 45	5 · 9 = 45
10 · 2 = 20		10 · 5 = 50	5 · 10 = 50

Lerne sie auswendig. Du musst sie im Schlaf können!

1 · 2 = 2
2 · 2 = 4

· 10	10 ·	Quadrataufgaben	
1 · 10 = 10	10 · 1 = 10	1 · 1 = 1	
2 · 10 = 20	10 · 2 = 20	2 · 2 = 4	
3 · 10 = 30	10 · 3 = 30	3 · 3 = 9	
4 · 10 = 40	10 · 4 = 40	4 · 4 = 16	
5 · 10 = 50	10 · 5 = 50	5 · 5 = 25	
6 · 10 = 60	10 · 6 = 60	6 · 6 = 36	
7 · 10 = 70	10 · 7 = 70	7 · 7 = 49	
8 · 10 = 80	10 · 8 = 80	8 · 8 = 64	
9 · 10 = 90	10 · 9 = 90	9 · 9 = 81	
10 · 10 = 100	10 · 10 = 100	10 · 10 = 100	

Da fehlen doch Aufgaben – oder?

b) Suche alle blauen Aufgaben. Schreibe sie auf.

5 · 2 = 10 · 2 · 5 = 10 · 2 · 5 = 10 · 5 · 2 = 10 · 1 · 10 = 10 · 10 · 1 = 10

Suche alle grünen Aufgaben. Schreibe sie auf.

10 · 2 = 20 · 2 · 10 = 20 · 4 · 5 = 20 · 5 · 4 = 20 · 2 · 10 = 20 · 10 · 2 = 20

c) Suche Aufgaben mit dem Ergebnis …

(30)		(40)		(20)	
6 · 5	3 · 10	8 · 5	4 · 10	2 · 10	5 · 4
5 · 6	10 · 3	5 · 8	10 · 4	10 · 2	4 · 5

Einmaleinstraining ②

MB S. 94/95

① Immer das Doppelte

4 · 2 = 8 | 5 · 2 = 10 | 6 · 2 = 12 | 2 · 7 = 14
4 · 4 = 16 | 5 · 4 = 20 | 6 · 4 = 24 | 4 · 7 = 28
4 · 8 = 32 | 5 · 8 = 40 | 6 · 8 = 48 | 8 · 7 = 56

7 · 5 = 35 | 8 · 5 = 40 | 4 · 5 = 20 | 5 · 3 = 15
7 · 10 = 70 | 8 · 10 = 80 | 4 · 10 = 40 | 10 · 3 = 30

② Kernaufgaben zusammenbauen

Ich baue 7 · 4 aus 5 · 4 und 2 · 4.

4 · 6 = 24: 2 · 6 = 12, 2 · 6 = 12
7 · 8 = 56: 5 · 8 = 40, 2 · 8 = 16
7 · 4 = 28: 5 · 4 = 20, 2 · 4 = 8

8 · 3 = 24: 3 · 3 = 9, 5 · 3 = 15
7 · 9 = 63: 5 · 9 = 45, 2 · 9 = 18
7 · 6 = 42: 2 · 6 = 12, 5 · 6 = 30

③ Aus der Einmaleinstabelle

4 · 3 = 12	4 · 4 = 16	4 · 5 = 20
5 · 3 = 15	5 · 4 = 20	5 · 5 = 25
6 · 3 = 18	6 · 4 = 24	6 · 5 = 30
7 · 3 = 21	7 · 4 = 28	7 · 5 = 35

7 · 7 = 49	7 · 8 = 56	7 · 9 = 63
8 · 7 = 56	8 · 8 = 64	8 · 9 = 72
9 · 7 = 63	9 · 8 = 72	9 · 9 = 81
10 · 7 = 70	10 · 8 = 80	10 · 9 = 90

④ Rechne geschickt. Beginne mit der Kernaufgabe.

a) 8 · 3 = 24, 9 · 3 = 27, 10 · 3 = 30
b) 5 · 6 = 30, 6 · 6 = 36, 7 · 6 = 42
c) 5 · 4 = 20, 6 · 4 = 24, 7 · 4 = 28
d) 8 · 8 = 64, 8 · 9 = 72, 8 · 10 = 80
e) 7 · 4 = 28, 7 · 5 = 35, 7 · 6 = 42

☆ ⑤ Finde die Fehler und berichtige.

a) 6 · 5 = ~~20~~ 30 | 3 · 3 = 9 ✓
5 · 5 = 25 ✓ | 4 · 3 = ~~11~~ 12
4 · 5 = ~~40~~ 20 | 5 · 3 = 15 ✓

b) 6 · 6 = 36 ✓ | 9 · 9 = 81 ✓
7 · 6 = ~~44~~ 42 | 8 · 9 = 72 ✓
8 · 6 = 48 ✓ | 7 · 9 = ~~64~~ 63

Wege auf dem Spielplatz

MB S. 96/97

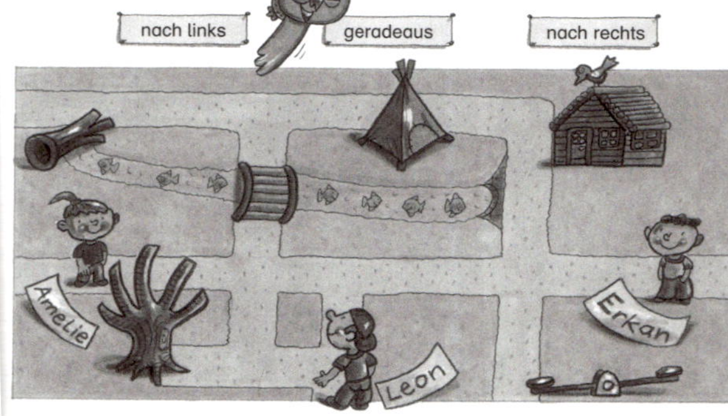

① Zeichne und beschreibe die Wege auf dem Spielplatz.

a) Leon geht zur Brücke. Er geht geradeaus und dann nach links. Er geht dann nach rechts und dann weiter geradeaus.

b) Amelie geht zur Holzhütte. Sie geht geradeaus, weiter geradeaus und biegt nach links ab. Dann geht sie weiter geradeaus.

c) Erkan geht zum Tippi. Er geht geradeaus und biegt nach rechts ab. Dann folgt er dem Weg geradeaus und um die Kurve.

② a) Amelie geht ein Stück geradeaus. Was sieht sie an der nächsten Kreuzung links? Male. — Eine Brücke

b) Erkan geht ein Stück geradeaus und biegt dann rechts ab. Was sieht er links? Male. — Einen Bach

③ Wo kommen die Kinder an?

a) Erkan geht ein Stück geradeaus und biegt nach links ab. Wippe

b) Amelie geht geradeaus und biegt dann links ab. Sie geht weiter geradeaus und biegt nochmals links ab. Baumstamm

c) Leon geht geradeaus, biegt links ab und dann rechts. Bach

Würfelgebäude und Pläne

MB S. 98/99

① Wie viele Würfel haben diese Treppen?

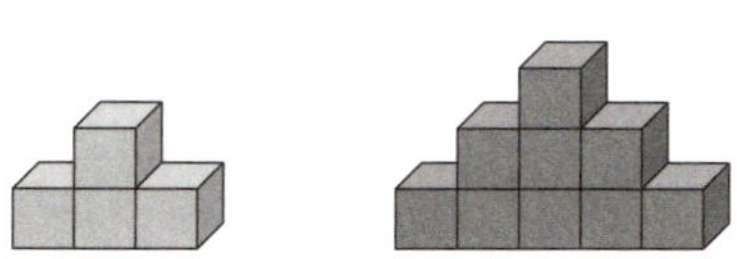

☆ Überlege: Wie sieht die nächste Treppe aus?

4 Würfel | 9 Würfel | 16 Würfel

② Ergänze die Baupläne.

a)

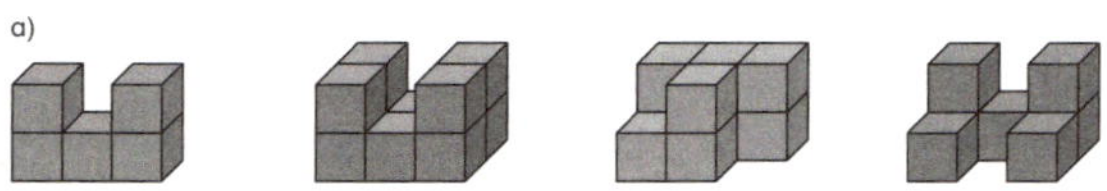

2	1	2

2	1	2
2	1	2

2	2	2
1	2	

2	1	2
1		1

b)

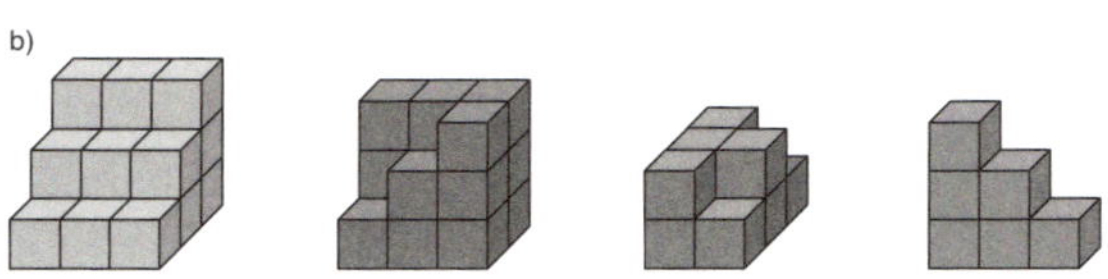

3	3	3
2	2	2
1	1	1

3	3	3
1	2	3

2	1
2	2
2	1

3	2	1

Verteilen

MB S. 100/101

① Teile gerecht. Zeichne ein, wie du teilst.

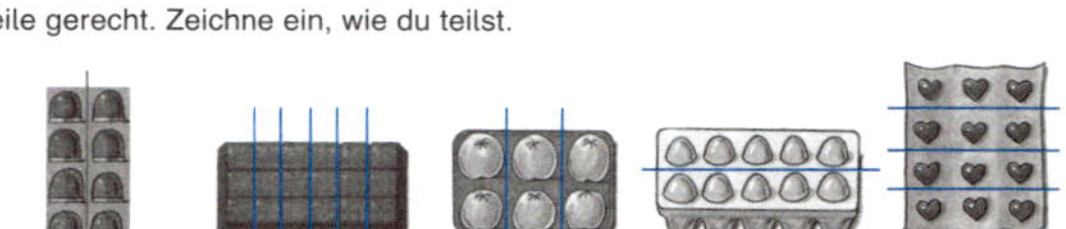

in 2 Teile | in 6 Teile | in 3 Teile | in 2 Teile | in 4 Teile

② Wie wurde hier geteilt?

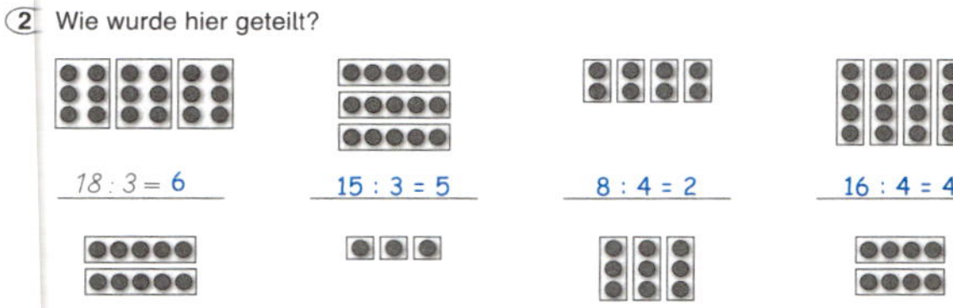

18 : 3 = 6 | 15 : 3 = 5 | 8 : 4 = 2 | 16 : 4 = 4
10 : 2 = 5 | 3 : 3 = 1 | 9 : 3 = 3 | 8 : 2 = 4

③ Teile die Punktefelder. Suche für jede Anzahl verschiedene Möglichkeiten.

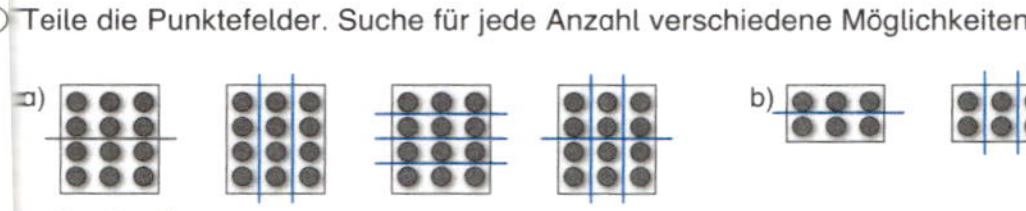

a) 12 : 2 = 6 | 12 : 3 = 4 | 12 : 4 = 3 | 12 : 6 = 2
b) 6 : 2 = 3 | 6 : 3 = 2

☆ ④ Frau Kern hat 36 Kekse gebacken.
„36 Kekse für mich, fein!“ 36 : 1 = 36

Da kommt Franz vorbei.
„Ich werde ihm die Hälfte geben!“ 36 : 2 = 18

Jetzt kommt noch ihre Tochter Evi.
„Dann teilen wir durch 3.“ 36 : 3 = 12

Es klingelt, die Nachbarin ist da.
„Nun wird durch 4 geteilt.“ 36 : 4 = 9

Zum Schluss kommen noch 2 Besucher.
„Jetzt teilen wir durch 6.“ 36 : 6 = 6

Aufteilen

MB S. 102/103

① Fasse zusammen. Immer gleich viele.

17 : 4 = 4 R 1	10 : 3 = 3 R 1	15 : 5 = 3
4 · 4 = 16	3 · 3 = 9	3 · 5 = 15
16 + 1 = 17	9 + 1 = 10	
17 : 4 = 4 R 1	10 : 2 = 5	14 : 3 = 4 R 2
4 · 4 = 16	5 · 2 = 10	4 · 3 = 12
16 + 1 = 17		12 + 2 = 14

② Immer 12 Steine. Baue Türme. Schreibe die Rechnung auf.

12 : 2 = 6	12 : 3 = 4	12 : 4 = 3
12 : 5 = 2 R2	12 : 6 = 2	12 : 7 = 1 R5

③ Zeichne 5er-Türme. Wann bleibt etwas übrig?

15 : 5 = 3   18 : 5 = 3 R 3   23 : 5 = 4 R 3   25 : 5 = 5

Malnehmen und Teilen gehören zusammen

MB S. 104/105

① Färbe Malaufgabe und Geteiltaufgabe, die zusammen gehören, gleich. Rechne.

■ 7 · 2 = 14
□ 45 : 5 = 9
● 3 · 3 = 9
▲ 9 · 9 = 81
● 9 : 3 = 3
△ 10 : 2 = 5
○ 4 · 10 = 40
△ 5 · 2 = 10
▲ 81 : 9 = 9
○ 40 : 10 = 4
□ 9 · 5 = 45
■ 14 : 2 = 7

② Ein Feld – 2 Malaufgaben, 2 Geteiltaufgaben. Zeichne und rechne.

a) 2 · 4 = 8, 4 · 2 = 8, 8 : 2 = 4, 8 : 4 = 2
b) 3 · 4 = 12, 4 · 3 = 12, 12 : 3 = 4, 12 : 4 = 3
c) 2 · 3 = 6, 3 · 2 = 6, 6 : 2 = 3, 6 : 3 = 2
d) 2 · 5 = 10, 5 · 2 = 10, 10 : 2 = 5, 10 : 5 = 2

③ Rechne die Malaufgabe und suche die passenden Geteiltaufgaben.

a)	b)	c)	d)
9 · 5 = 45	7 · 10 = 70	8 · 8 = 64	2 · 5 = 10
45 : 5 = 9	70 : 7 = 10	64 : 8 = 8	10 : 2 = 5
45 : 9 = 5	70 : 10 = 7		10 : 5 = 2
6 · 6 = 36	10 · 5 = 50	6 · 2 = 12	9 · 10 = 90
36 : 6 = 6	50 : 5 = 10	12 : 2 = 6	90 : 9 = 10
	50 : 10 = 5	12 : 6 = 2	90 : 10 = 9

④ Rechne. Denke an die Malaufgabe.

a)	b)	c)	d)	e)
16 : 2 = 8	4 : 2 = 2	90 : 10 = 9	80 : 8 = 10	10 : 2 = 5
40 : 8 = 5	12 : 6 = 2	25 : 5 = 5	16 : 4 = 4	60 : 6 = 10
30 : 5 = 6	35 : 7 = 5	20 : 4 = 5	6 : 3 = 2	20 : 5 = 4
9 : 3 = 3	15 : 5 = 3	50 : 5 = 10	18 : 2 = 9	100 : 10 = 10

Drei Zahlen – vier Aufgaben

MB 3.1

① 3 Zahlen – 4 Aufgaben

a) 5, 7, 35: 5 · 7 = 35, 7 · 5 = 35, 35 : 7 = 5, 35 : 5 = 7
b) 70, 10, 7: 10 · 7 = 70, 7 · 10 = 70, 70 : 7 = 10, 70 : 10 = 7
c) 2, 16, 8: 2 · 8 = 16, 8 · 2 = 16, 16 : 8 = 2, 16 : 2 = 8
d) 9, 45, 5: 9 · 5 = 45, 5 · 9 = 45, 45 : 5 = 9, 45 : 9 = 5
e) 4, 6, 24: 4 · 6 = 24, 6 · 4 = 24, 24 : 6 = 4, 24 : 4 = 6
f) 80, 8, 10: 10 · 8 = 80, 8 · 10 = 80, 80 : 8 = 10, 80 : 10 = 8

② Eine Zahl fehlt. Schreibe alle 4 Aufgaben auf.

6, 7, 42: 6 · 7 = 42, 7 · 6 = 42, 42 : 7 = 6, 42 : 6 = 7
90, 9, 10: 10 · 9 = 90, 9 · 10 = 90, 90 : 9 = 10, 90 : 10 = 9
5, 30, 6: 5 · 6 = 30, 6 · 5 = 30, 30 : 6 = 5, 30 : 5 = 6

③ Finde die passende Malaufgabe. Rechne beide Aufgaben.

a) 40 : 8 = 5	36 : 6 = 6	81 : 9 = 9	45 : 5 = 9
8 · 5 = 40	6 · 6 = 36	9 · 9 = 81	5 · 9 = 45
b) 25 : 5 = 5	64 : 8 = 8	49 : 7 = 7	70 : 10 = 7
5 · 5 = 25	8 · 8 = 64	7 · 7 = 49	10 · 7 = 70

Zahlen verzaubern

MB S. 107

① Wie heißt die Zauberregel? Schreibe auf und finde weitere Zahlenpaare.

4 ★ 8, 6 ★ 12, 8 ★ ?

a) ·2

4	8
6	12
8	16
3	6
7	14

b) ·5

6	30
5	25
0	0
1	5
9	45

c) ·10

10	100
6	60
1	10
7	70
2	20

② Finde Paare zu diesen Zauberregeln.

a) ·1

7	7
10	10
4	4
13	13
17	17

b) :2

18	9
6	3
2	1
20	10
30	15

c) ·0

6	0
40	0
19	0
3	0
100	0

d) :5

15	3
45	9
20	4
5	1
35	7

③ Erste oder zweite Zahl gesucht

a) ·3

5	15
1	3
10	30
3	9
0	0

b) ·4

4	16
5	20
3	12
9	36
7	28

c) :1

6	6
12	12
4	4
8	8
37	37

d) :10

100	10
10	1
80	8
60	6
70	7

④ Hier sind Paare von zwei Zauberregeln durcheinander geraten. Ordne.

6 ★ 36, 12 ★ 4, 30 ★ 10, 9 ★ 3, 3 ★ 18, 9 ★ 54, 2 ★ 12, 3 ★ 1

·6

2	12
3	18
6	36
9	54

:3

12	4
30	10
9	3
3	1

① Welche Rechnungen gehören zu welchen Bildern oder Geschichten?
Verbinde. Passen alle Rechnungen?

Die Schuhe von Michael, Clara und Maximilian stehen vor der Tür.

Maria hat 3 Deutschhefte und 2 Mathematikhefte.

3 · 2 = 6	2 · 3 = 6	3 + 2 = 5	3 − 2 = 1

② Schreibe die Rechnungen zu den Bildern auf.

a)

5 Bücher?
5 · 6 € = 30 €
6 Bücher?
6 · 6 € = 36 €

b)

6 Autos?
6 · 4 = 24
5 Autos?
5 · 4 = 20

c)

Wie viele Tage?
7 · 7 = 49
6 Wochen – Wie viele Tage?
6 · 7 = 42

d)

4 Reihen?
4 · 5 = 20
9 Reihen?
9 · 5 = 45

③ Malaufgabe gesucht. Färbe sie im Bild und schreibe die Aufgabe in derselben Farbe auf.

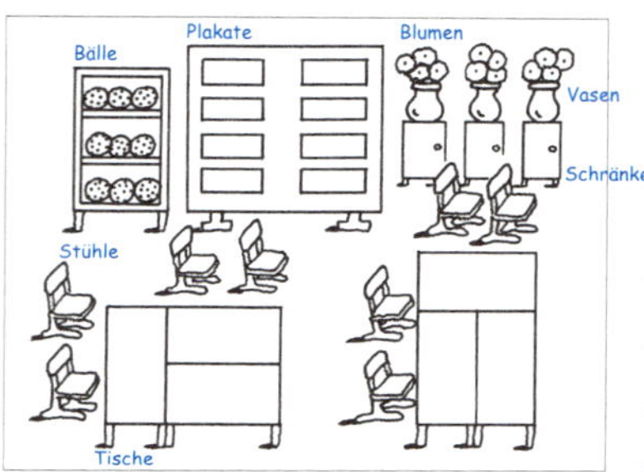

Bälle: 3 · 3 = 9
Plakate: 2 · 4 = 8
Stühle: 4 · 2 = 8
Tische: 2 · 3 = 6
Vasen: 3 · 1 = 3
Blumen: 3 · 4 = 12
Schränke: 3 · 1 = 3

① Welche Rechnung gehört zum Bild, welche zum Text?
Rechne und verbinde.

a) 20 Nüsse werden an 5 Kinder verteilt. Wie viele Nüsse erhält jedes Kind?

20 : 4 = 5
20 : 5 = 4

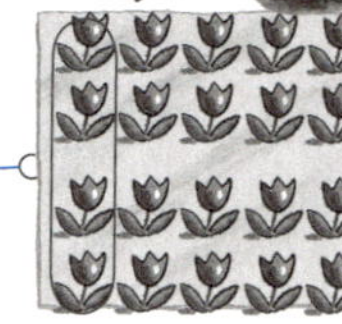

b)
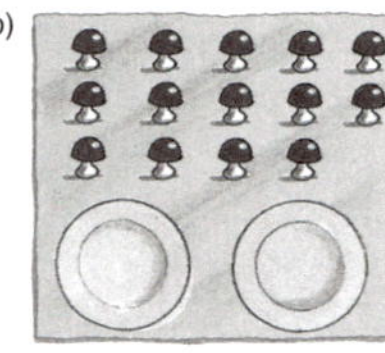

14 : 2 = 7
14 : 7 = 2

14 Kinder werden in Siebenergruppen aufgeteilt. Wie viele Gruppen sind es?

② Schreibe die Rechnungen zu den Bildern auf.

a)

Wie viele Bilder?
40 : 4 = 10

b)

Wie viele Becher für 20 €?
20 : 4 = 5

c)

Wie viele Luftballons für jedes Kind?
20 : 4 = 5

d)

In wie vielen Wochen?
35 : 7 = 5

☆ ③ a) Eine Spinne hat 8 Beine.

Wie viele Spinnen sind es, wenn du 24 Beine zählst?
3 Spinnen
Und wenn du 40 Beine zählst?
5 Spinnen

b) Eine Fliege hat 6 Beine.

Wie viele Fliegen sind es, wenn du 24 Beine zählst?
4 Fliegen
Und wenn du 60 Beine zählst?
10 Fliegen

① Welche Aufgaben gehören zu welchem Luftballon? Verbinde.

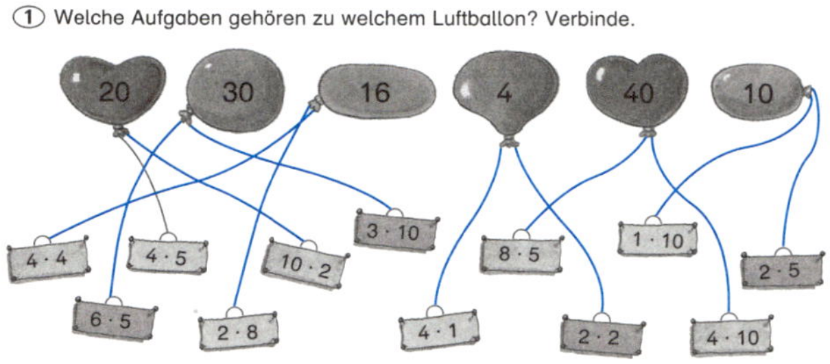

② Löse die Aufgaben durch Zusammenbauen.

6 · 8 = 48 (5 · 8 = 40 | 1 · 8 = 8)
8 · 7 = 56 (7 · 7 = 49 | 1 · 7 = 7)
3 · 8 = 24 (2 · 8 = 16 | 1 · 8 = 8)
7 · 6 = 42 (6 · 6 = 36 | 1 · 6 = 6)
7 · 3 = 21 (5 · 3 = 15 | 2 · 3 = 6)
6 · 4 = 24 (4 · 4 = 16 | 2 · 4 = 8)

③ Eine Zahl fehlt. Schreibe alle 4 Aufgaben auf.

5 8	72 9	4 32
5 · 8 = 40	9 · 8 = 72	4 · 8 = 32
8 · 5 = 40	8 · 9 = 72	8 · 4 = 32
40 : 5 = 8	72 : 9 = 8	32 : 4 = 8
40 : 8 = 5	72 : 8 = 9	32 : 8 = 4

④ Welche Geteiltaufgabe und welche Malaufgabe gehören zusammen?
Rechne und male mit der gleichen Farbe aus.

① 16 : 2 = 8	② 30 : 10 = 3	④ 20 : 5 = 4	③ 10 : 2 = 5	⑤ 36 : 6 = 6
② 3 · 10 = 30	③ 5 · 2 = 10	⑤ 6 · 6 = 36	① 8 · 2 = 16	④ 4 · 5 = 20

① Miss die Strecken und trage die Längen ein.

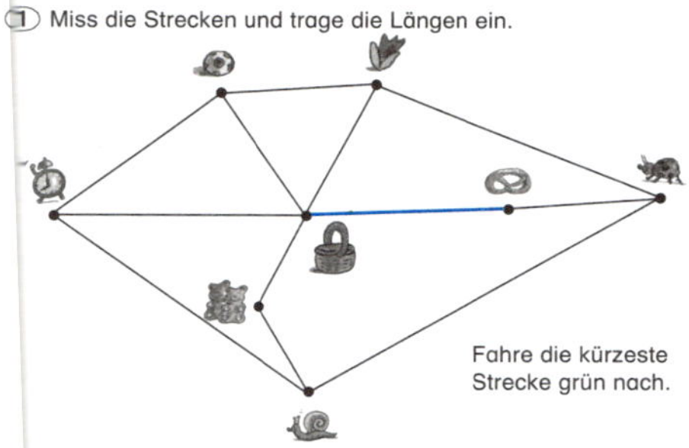

Fahre die kürzeste Strecke grün nach.

12 cm
7 cm
5 cm
4 cm

② a) Verbinde die Punkte mit dem Lineal.
A – B – C – A
D – E – F – D
G – H – I – G
J – K – L – J
M – N – P – O – M

b) Färbe die Flächen mit verschiedenen Farben.

c) Miss die Strecken.
AB: 4 cm
AC: 5 cm
DF: 3 cm
OP: 1 cm

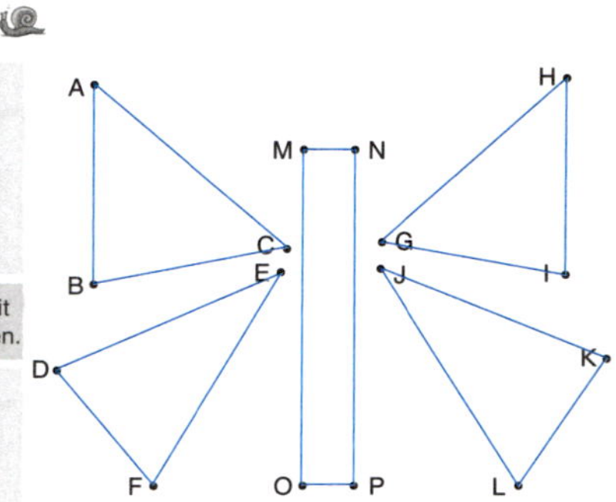

③
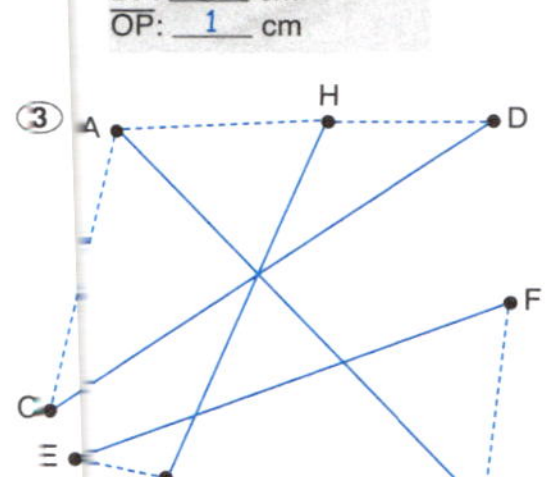

a) Zeichne die Strecken ein und miss die Längen:
AB: 8 cm EF: 7 cm
CD: 8 cm GH: 6 cm

b) Wie viele Dreiecke sind entstanden? 1

☆ c) Verbinde weitere Punkte so, dass 5 weitere Dreiecke entstehen.

Messergebnisse darstellen

MB S. 114/1–5

① Schlagball-Weitwurf-Wettkampf

1. Wurf | 2. Wurf

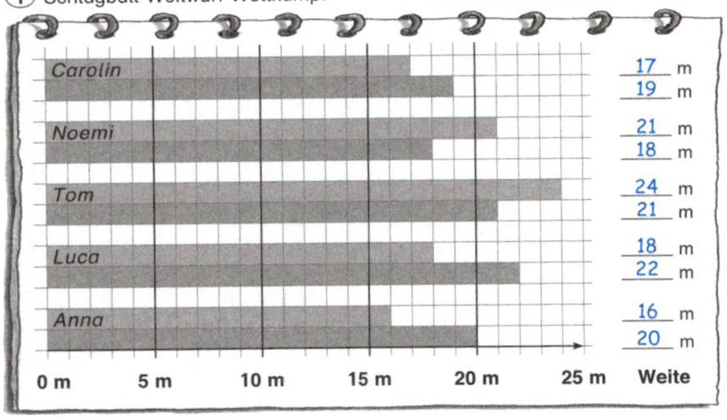

Carolin	17 m, 19 m
Noemi	21 m, 18 m
Tom	24 m, 21 m
Luca	18 m, 22 m
Anna	16 m, 20 m

a) Lies aus dem Schaubild die einzelnen Wurfweiten ab. Notiere sie rechts.

b) Rechne bei jedem Teilnehmer beide Würfe zusammen. Wer ist der Sieger? Kreise ein.

Name	Gesamt-Wurfweite
Carolin	17 m + 19 m = 36 m
Noemi	21 m + 18 m = 39 m
(Tom)	24 m + 21 m = 45 m
Luca	18 m + 22 m = 40 m
Anna	16 m + 20 m = 36 m

② Ergänze das Schaubild.

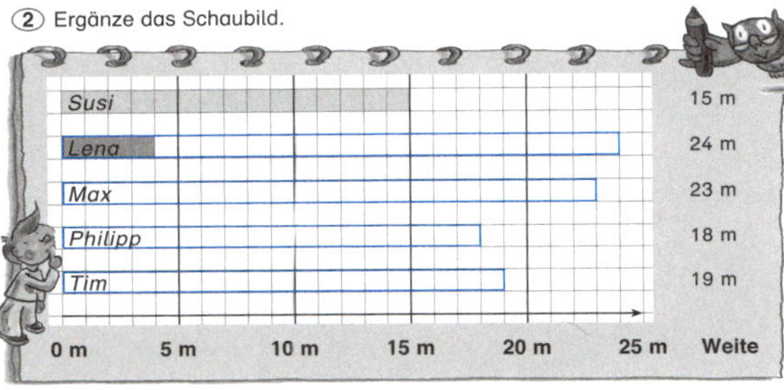

Rechnen mit Metern und Zentimetern

MB S. 116/117

① Verlängere die Strecken um 2 cm. Schreibe die Rechnung daneben.

a) 6 cm + 2 cm = 8 cm
b) 8 cm + 2 cm = 10 cm
c) 7 cm + 2 cm = 9 cm
d) 4 cm + 2 cm = 6 cm

Verdopple diese Strecken. Schreibe die Rechnung daneben.

e) 1 cm + 1 cm = 2 cm
f) 3 cm + 3 cm = 6 cm
g) 2 cm + 2 cm = 4 cm
h) 4 cm + 4 cm = 8 cm

② Ergänze auf 1 m.

1 m sind 100 cm.

50 cm + 50 cm = 1 m	25 cm + 75 cm = 1 m
99 cm + 1 cm = 1 m	14 cm + 86 cm = 1 m
63 cm + 37 cm = 1 m	80 cm + 20 cm = 1 m
46 cm + 54 cm = 1 m	1 cm + 99 cm = 1 m

③ Ergänze oder ziehe ab.

65 cm − 15 cm = 50 cm	28 cm + 22 cm = 50 cm
35 cm + 15 cm = 50 cm	8 cm + 42 cm = 50 cm
100 cm − 50 cm = 50 cm	80 cm − 30 cm = 50 cm
24 cm + 26 cm = 50 cm	47 cm + 3 cm = 50 cm
0 cm + 50 cm = 50 cm	1 cm + 49 cm = 50 cm

④ Ergänze die Tabelle.

die Strecke	18 cm	22 cm	13 cm	35 cm	31 cm	45 cm	50 cm	50 cm
das Doppelte	36 cm	44 cm	26 cm	70 cm	62 cm	90 cm	100 cm	1 m

Auf dem Planeten der Mathener

MB S. 20/21

① Baue die Mathener fertig.

oben	links	rechts
79	53	26
85	38	47
81	66	15
83	74	9
92	45	47

② Diese Figuren wollen Mathener werden.

oben	links	rechts
94	57	37
86	41	45
73	28	45
65	27	38
72	56	16

③ Mathener-Zwillinge und Mathener-Drillinge gesucht.

a)

oben	links	rechts
62	36	26
62	25	37

b)

oben	links	rechts
70	19	51
70	34	36
70	27	43

☆ c)

oben	links	rechts
100	25	75
100	64	36

☆ d)

oben	links	rechts
38	19	19
38	27	11
38	9	29

④ Ufos der Mathener: Wie sind sie aufgebaut?

a)

oben		
80	35, 16	64, 45
81	48, 51	30, 33
67	24, 27	40, 43
68	62, 34	34, 6
☆ 101	53, 32	69, 48

☆ b)

oben		
100	81	19
64	56	8
100	86	14
70	43	27

Da gibt es viele Lösungen.

Hier sind viele Lösungen möglich.

Zeitspannen

MB S. 122/123

① Trage die Uhrzeiten ein. Zeichne die fehlenden Zeiger.

a) Um diese Zeit geht Franz ins Bett. 20.00 Uhr.
Er schläft 10 Stunden. Wann steht er auf? 6.00 Uhr.

b) Jetzt beginnt der Kinofilm. 15.00 Uhr.
Der Film dauert 2 Stunden. Wann ist er zu Ende? 17.00 Uhr.

c) Mateja macht eine Nachtwanderung. Sie startet um Mitternacht. 0/24 Uhr.
Sie wandert 60 Minuten. Wann ist Sie zurück? 1.00 Uhr.

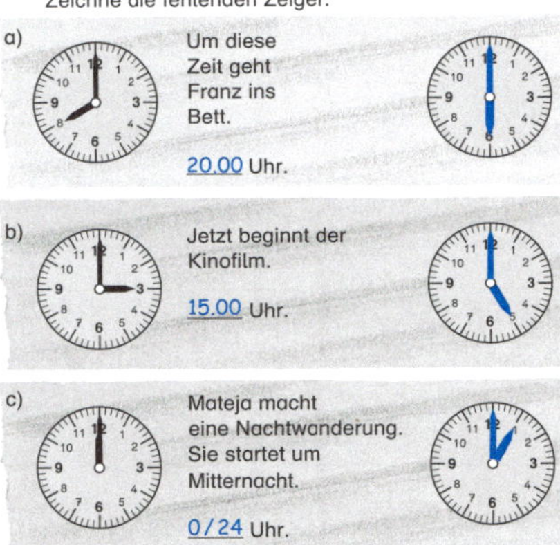

② Wie viele Minuten sind seit der letzten vollen Stunde vergangen?

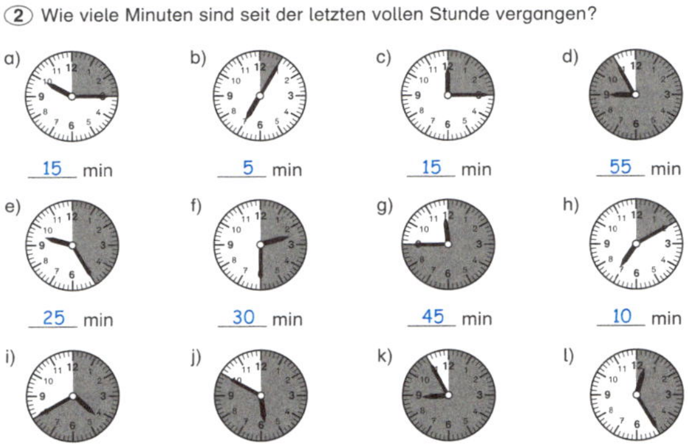

a) 15 min	b) 5 min	c) 15 min	d) 55 min
e) 25 min	f) 30 min	g) 45 min	h) 10 min
i) 40 min	j) 50 min	k) 55 min	l) 25 min

Der Uhr auf der Spur ①

MB S. 124/125

① Ordne die Uhrzeiten den Uhren zu.
Die Buchstaben ergeben ein Lösungswort.

U 1.15 Uhr	Z 11.45 Uhr	T 12.15 Uhr
H 18.00 Uhr	E 5.30 Uhr	E 20.30 Uhr
R 9.30 Uhr	I 8.15 Uhr	N 19.45 Uhr

② Schreibe jeweils die beiden Uhrzeiten auf.

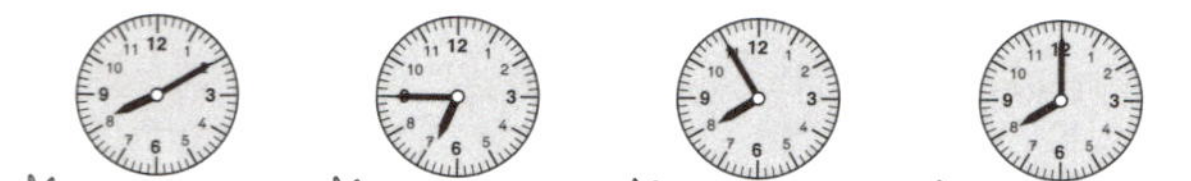

8.10 Uhr	6.45 Uhr	7.55 Uhr	8.00 Uhr
20.10 Uhr	18.45 Uhr	19.55 Uhr	20.00 Uhr

9.05 Uhr	10.30 Uhr	15.45 Uhr	6.10 Uhr
21.05 Uhr	22.30 Uhr	3.45 Uhr	18.10 Uhr

10.40 Uhr	11.35 Uhr	9.30 Uhr	11.20 Uhr
22.40 Uhr	23.35 Uhr	21.30 Uhr	23.20 Uhr

Der Uhr auf der Spur ②

① Zeichne den Minutenzeiger ein.

a) 8.30 Uhr b) 6.15 Uhr c) 19.55 Uhr d) 10.35 Uhr

e) 15.45 Uhr f) 7.50 Uhr g) 9.50 Uhr h) 12.10 Uhr

② Immer drei Zeitangaben gehören zusammen.
Male sie mit der gleichen Farbe aus.

①8.15 Uhr
②3.45 Uhr
③11.30 Uhr
④1.45 Uhr
④13.45 Uhr
③23.30 Uhr
①20.15 Uhr
②15.45 Uhr
②drei viertel vier
①Viertel nach acht
④Viertel vor zwei
③halb zwölf

③ Zeichne den Stundenzeiger ein.

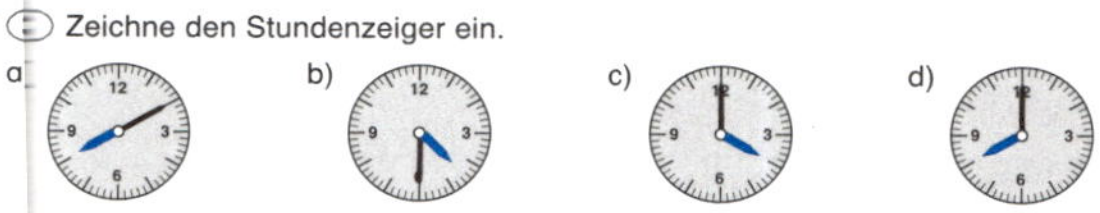

a) 20.10 Uhr b) 16.30 Uhr c) 4.00 Uhr d) 20.00 Uhr

e) 7.15 Uhr f) 21.40 Uhr g) 13.20 Uhr h) 14.05 Uhr

Rechengeschichten

MB S. 126/127

① Schreibe Rechnungen zu den Geschichten. Male die fehlenden Bilder.

a)

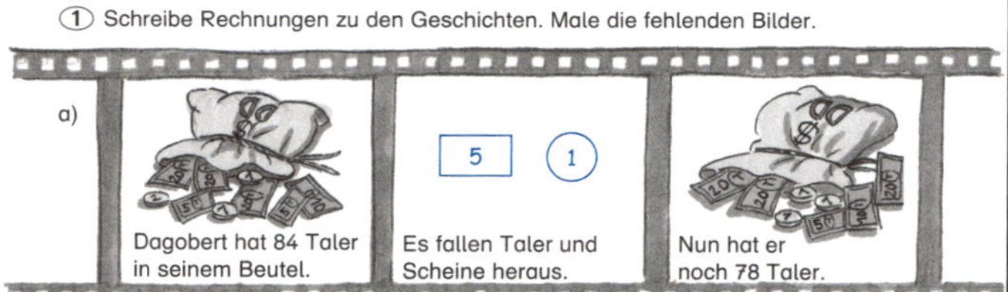

Dagobert hat 84 Taler in seinem Beutel. | Es fallen Taler und Scheine heraus. | Nun hat er noch 78 Taler.

84 - 6 = 78

b)

Dagobert hat Geld in seinem Beutel. | Er gibt 65 Taler dazu. | Nun hat er 94 Taler.

29 + 65 = 94

② Wie heißt die Rechnung? Schreibe sie auf.

a) Dagobert geht ins Restaurant. Er hat 100 Taler dabei. | Er isst für 48 Taler. | Mit wie vielen Talern geht er nach Hause?

100 - 48 = 52

b) Dagobert versteckt Geld unter seinem Hut. | In seiner Manteltasche hat er 47 Taler. | Insgesamt trägt er 100 Taler bei sich.

53 + 47 = 100

c) Dagobert hat in seinem kleinen Tresor 86 Taler. | Die Panzerknacker stehlen das Geld aus dem Tresor. | Nun ist der Tresor leer.

86 - 86 = 0

Frisches aus der Zauberküche

MB S. 128/129

① Wie hoch ist die Rechnung an jedem Tisch?

Tisch 1: Holunder-wein 2, Mäuse 1, Nudeln 1, Beerenmus 2

2 · 2 € = 4 € 2 · 5 € = 10 €
4 € + 8 € + 6 € + 10 € = 28 €

Antwort: Die Rechnung beträgt 28 €.

Tisch 2: III Suppe, I Salat, I Zauber-trank

3 · 3 € = 9 €
9 € + 4,50 € + 2,50 € = 16 €

Antwort: Die Rechnung beträgt 16 €.

Tisch 3: Holunder-wein 4, Beerenmus 3, Salat 2

4 · 2 € = 8 € 8 € + 15 € + 9 € = 32 €
3 · 5 € = 15 €
2 · 4,50 € = 9 €

Antwort: Die Rechnung beträgt 32 €.

② So wurde bezahlt:

Rechnung	gegeben	zurück
38 €	100 €	62 €
40,50 €	50,50 €	10 €
15 €	50 €	35 €

Und was ist mit dem Trinkgeld?

Spiegelungen

MB S. 130/131

① Bild und Spiegelbild?

Überprüfe das Spiegelbild auf Fehler. Kreuze die Fehler an.

② Wie sieht die zweite Hälfte aus? Ergänze.

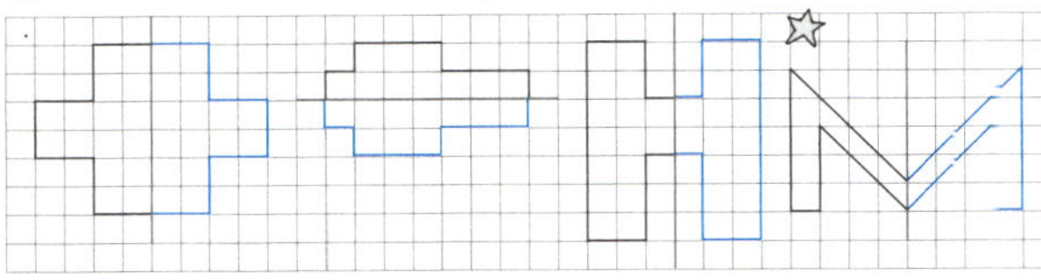

③ Symmetrisch oder nicht symmetrisch?
Überprüfe mit dem Zauberspiegel. Trage die Symmetrieachsen ein.

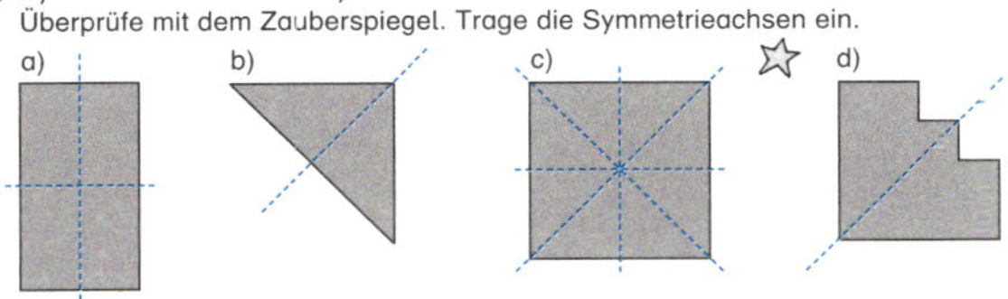

④ Zeichne eigene Figuren. Trage die Symmetrieachsen ein.
Überprüfe mit dem Spiegel.

Schaubilder

MB S. 132/133

① Die Kinder der Klasse 2 b haben eine Umfrage an ihrer Schule gemacht. Sie wollten wissen, was die liebste Freizeitbeschäftigung der Kinder ist. Ihre Ergebnisse haben sie in einem Schaubild dargestellt.

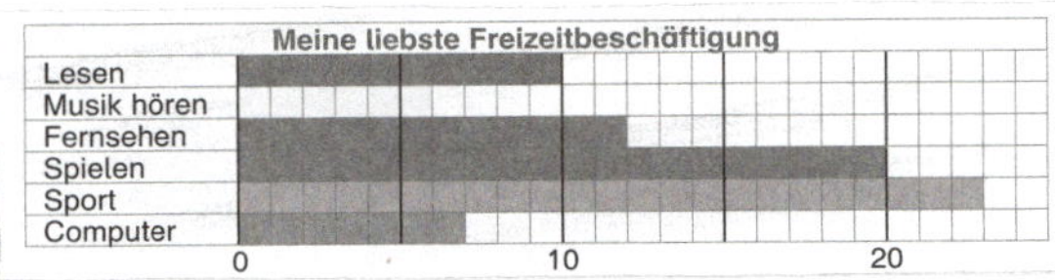

Welche Aussagen stimmen? Kreuze an ☒.

☒ Die meisten Kinder treiben am liebsten Sport.

☒ Musik hören wurde selten genannt.

☐ Spielen wird am häufigsten genannt.

☒ Sport wird von mehr Kindern genannt als Lesen und Fernsehen zusammen.

☐ Fernsehen wurde von weniger Kindern genannt als Lesen.

② Bei Sport und Spielen wollten die Kinder es dann noch genauer wissen.

a) Die 23 Kinder wurden nach ihrer Lieblingssportart befragt. Zeichne.

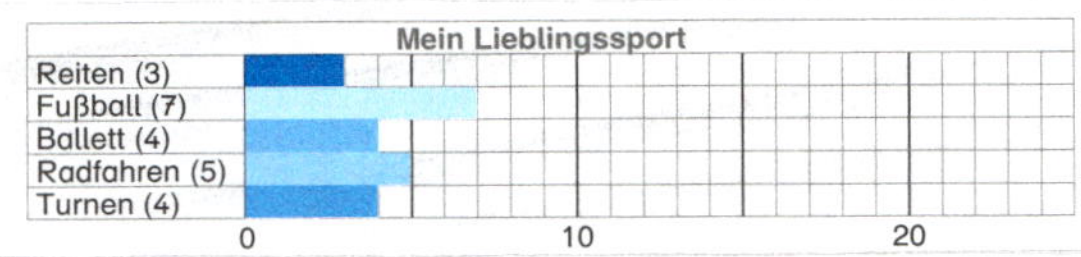

b) Die 20 Kinder wurden nach ihrem Lieblingsspiel befragt. Zeichne.

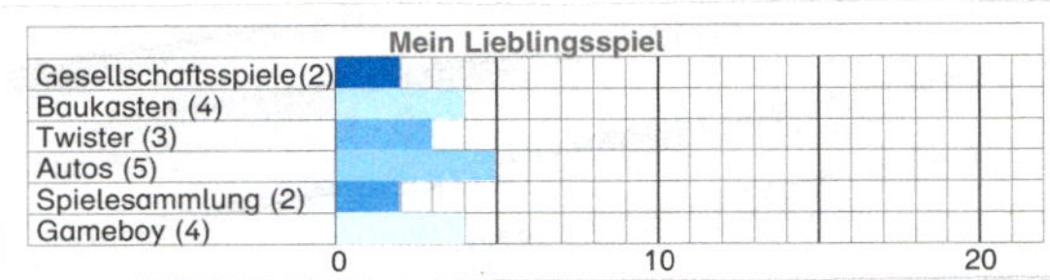

Zahlenrätsel

MB S. 134/135

① 1. Runde: Einfache Rätsel

a) Ich teile 64 durch 8. Welche Zahl erhalte ich? Die Zahl heißt 8.

b) Ich nehme 7 mal 5. Welche Zahl erhalte ich? Die Zahl heißt 35.

c) Ich ziehe 26 von 83 ab. Welche Zahl erhalte ich? Die Zahl heißt 57.

d) Ich gebe 39 zu 28 hinzu. Welche Zahl erhalte ich? Die Zahl heißt 67.

e) Ich nehme 8 mal 6. Welche Zahl erhalte ich? Die Zahl heißt 48.

Wenn nötig, rechne ich auf einem Zettel.

② 2. Runde: Schwierige Rätsel

a) Ich denke mir die Zahl 40, verdopple sie und teile das Ergebnis durch 10. Die Zahl heißt 8.

b) Ich denke mir die Zahl 5 und nehme sie mal 7. Nun zähle ich noch 15 dazu. Die Zahl heißt 50.

c) Ich denke mir die Zahl 49 und teile sie durch 7. Nun gebe ich das Doppelte von 6 dazu. Die Zahl heißt 19.

d) Von der Zahl 40 ziehe ich 18 ab. Das Ergebnis teile ich durch 2. Die Zahl heißt 11.

e) Ich teile die Zahl 80 durch 8 und nehme das Ergebnis mal 5. Die Zahl heißt 50.

☆ ③ 3. Runde: Superschwierige Rätsel

a) Ich denke mir eine Zahl. Wenn ich sie verdopple, dann erhalte ich 32. Die Zahl heißt 16.

b) Ich denke mir eine Zahl. Wenn ich 35 dazugebe, dann erhalte ich 56. Die Zahl heißt 21.

c) Ich denke mir eine Zahl. Ich teile sie durch 7 und erhalte 6. Die Zahl heißt 42.

d) Ich denke mir eine Zahl. Ich nehme 45 weg und erhalte 27. Die Zahl heißt 72.

e) Ich denke mir eine Zahl. Ich nehme sie mal 6 und erhalte 42. Die Zahl heißt 7.

f) Ich denke mir eine Zahl. Ich bilde ihre Quadratzahl, gebe 1 hinzu und erhalte 50. Die Zahl heißt 7.

Für Zahlenzauberer und Rechenkünstler

MB S. 136/137

① Male die Sterne in den passenden Farben an.

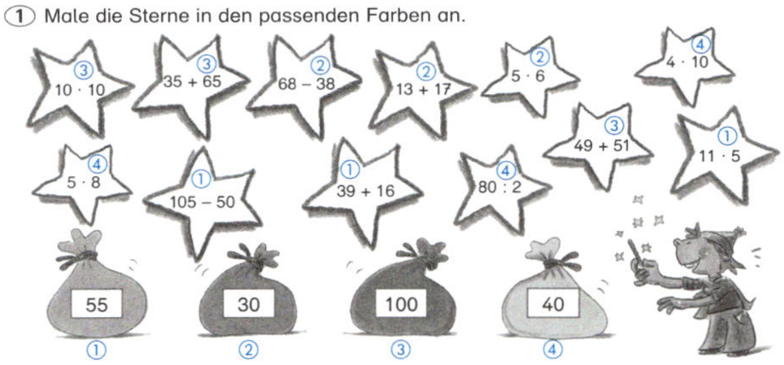

② Wie kommen Simsala und Bim zu Eulalia?
Löse die Rechnung auf dem 1. Stein. Das Ergebnis zeigt dir den Weg.
Verbinde mit Pfeilen.

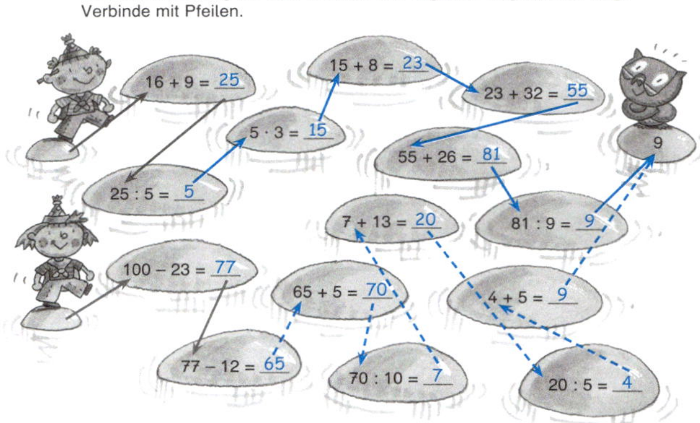

☆ ③ Geheimschrift!

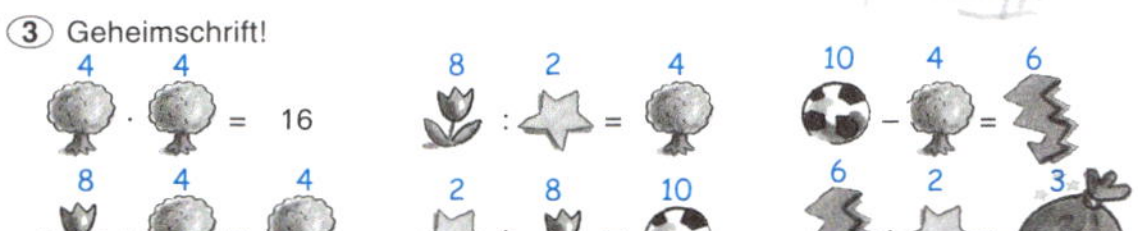

Bist du fit? ⑤ Abschied von der 2. Klasse

MB S. 138/139

① Finde zu jedem Rätsel die passende Rechnung. Verbinde und löse die Rechnung.

Wenn ich meine Zahl durch 5 teile, ist das Ergebnis 7.	Ich denke mir eine Zahl, nehme sie mal 5 und das Ergebnis ist 35.	Ich teile 35 durch meine Zahl und es kommt 5 heraus.	Wenn ich 7 mit meiner Zahl malnehme, erhalte ich 35.
7 · 5 = 35	35 : 7 = 5	35 : 5 = 7	7 · 5 = 35

② Schreibe zu jedem Rätsel die passende Aufgabe. Rechne.

Wenn ich meine Zahl mit 8 malnehme, ist das Ergebnis 40.	Wenn ich 20 durch meine Zahl teile, ist das Ergebnis 5.	Ich denke mir eine Zahl, teile sie durch 7. Das Ergebnis ist wieder 7.	Wenn ich 7 mit meiner Zahl malnehme, erhalte ich 56.
5 · 8 = 40	20 : 4 = 5	49 : 7 = 7	7 · 8 = 56

③ Ergänze die Texte so, dass sie zu den Aufgaben passen.

36 : 9 = 4	4 · 9 = 36	9 : 3 = 3	3 · 3 = 9
Wenn ich meine Zahl durch 9 teile, erhalte ich 4.	Ich denke mir eine Zahl, nehme sie mit 9 mal und erhalte 36.	Wenn ich 9 durch meine Zahl teile, erhalte ich 3.	Wenn ich 3 mit meiner Zahl malnehme, erhalte ich 9.

④ Geheimschrift!

5 · 6 = 30 | 2 · 7 = 14 | 40 : 5 = 8

2 · 5 = 10 | 7 · 7 = 49 | 40 : 10 = 4

3 · 3 = 9 | 3 + 3 = 6 | 3 · 0 = 0

3 : 3 = 1 | 9 + 1 = 10 | 10 + 3 = 13

5 · 5 = 25 | 5 + 5 = 10 | 5 − 5 = 0

①

+26	
32	58
18	44
49	75
65	91
64	90

−35	
96	61
82	47
78	43
64	29
100	65

·2	
6	12
9	18
10	20
4	8
5	10

:5	
45	9
20	4
15	3
40	8
35	7

② a) 23 + 25 = 48; 46 + 33 = 79; 27 + 57 = 84; 44 + 56 = 100; 66 + 29 = 95; 38 + 37 = 75

b) 86 − 45 = 41; 48 − 36 = 12; 72 − 55 = 17; 83 − 48 = 35; 51 − 49 = 2; 100 − 87 = 13

c) 5 · 8 = 40; 7 · 7 = 49; 9 · 10 = 90; 9 · 5 = 45; 4 · 4 = 16; 6 · 2 = 12

d) 64 : 8 = 8; 35 : 5 = 7; 18 : 2 = 9; 36 : 6 = 6; 40 : 5 = 8; 100 : 10 = 10

③ Zahlenrennen

a) Start 10 → +26 → 36 → :6 → 6 → ·10 → 60 → −11 → 49 → :7 → 7 → ·2 → 14 Ziel

b) Start 100 → −19 → 81 → :9 → 9 → ·5 → 45 → +19 → 64 → :8 → 8 → ·2 → 16 Ziel

c) Start 10 → +6 → 16 → :4 → 4 → ·5 → 20 → +20 → 40 → −31 → 9 → ·2 → 18 Ziel

④

47 + 36 = 83 S; 50 − 19 = 31 C; 28 + 14 = 42 H; 100 − 56 = 44 Ö

58 + 18 = 76 N; 19 + 21 = 40 E; 79 − 41 = 38 F; 67 − 27 = 40 E

28 + 35 = 63 R; 40 − 16 = 24 I; 58 − 18 = 40 E; 49 + 27 = 76 N

24	31	38	40	42	44	63	76	83
I	C	F	E	H	Ö	R	N	S

Basiswissen: Die Zahlen bis 100

① Zahlen darstellen

sprechen	Z	E	zeichnen	zerlegen
siebenundsechzig	6	7	IIIII I ::···	67 = 60 + 7
vierunddreißig	3	4	III ····	34 = 30 + 4
achtundfünfzig	5	8	IIIII ::::·	58 = 50 + 8
neunundachtzig	8	9	IIIII III ::::·	89 = 80 + 9
zweiundneunzig	9	2	IIIII IIII ··	92 = 90 + 2
fünfundzwanzig	2	5	II ·····	25 = 20 + 5

②

Z	E
••	•••••••

Wie heißt die Zahl? 28.

a) Simsala nimmt an der Einerstelle einen Einer weg. Die Zahl heißt 27.

b) Dann legt Bim an der Zehnerstelle drei dazu. Die Zahl heißt 57.

c) Zuletzt nimmt Eulalia an der Einerstelle 4 Einer weg und legt sie zu den Zehnern an der Zehnerstelle. Die Zahl heißt 93.

③ Vergleiche die Zahlen: <, >, =.

83 > 38; 67 = 67; 13 < 31; 91 > 61; 82 > 28

36 < 68; 99 > 39; 55 > 15; 58 = 58; 10 = 10

④ Ordne die Zahlen der Größe nach:
12, 87, 66, 50, 4, 78, 5, 27, 34, 43, 99, 59

4, 5, 12, 27, 34, 43, 50, 59, 66, 78, 87, 99

⑤ Nachbarzahlen

34 35 36 | 45 46 47 | 57 58 59 | 68 69 70 | 88 89 90

69 70 71 | 89 90 91 | 49 50 51 | 79 80 81 | 99 100 101

⑥ Bilde alle möglichen Zahlen: 1 4 7

Z	E
1	4
1	7
4	1
4	7
7	1
7	4

Basiswissen: Plus und minus bis 100

① Mit Zehnern und Einern rechnen

40 + 50 = 90; 40 + 5 = 45 | 20 + 30 = 50; 20 + 3 = 23 | 50 − 20 = 30; 50 − 2 = 48 | 90 − 10 = 80; 90 − 1 = 89

10 + 30 = 40; 10 + 3 = 13 | 30 + 60 = 90; 30 + 6 = 36 | 70 − 50 = 20; 70 − 5 = 65 | 90 − 40 = 50; 90 − 4 = 86

② Plus und minus

6 + 8 = 14; 26 + 8 = 34; 26 + 18 = 44 | 7 + 5 = 12; 37 + 5 = 42; 37 + 25 = 62 | 15 − 9 = 6; 45 − 9 = 36; 45 − 39 = 6 | 17 − 8 = 9; 27 − 8 = 19; 27 − 18 = 9

③ Rechne auf deinem Weg.

a) 54 + 39 = 93 | 28 + 56 = 84 | 92 − 77 = 15

b) 36 + 37 = 73 | 76 − 18 = 58 | 95 − 78 = 17

c) 17 + 54 = 71 | 72 − 57 = 15 | 81 − 24 = 57

④ Rechne. Notiere Zwischenergebnisse auf einem Zettel.

a) 53 + 35 = 88; 36 + 34 = 70; 22 + 57 = 79; 45 + 56 = 101; 53 + 29 = 82; 36 + 37 = 73

b) 76 − 44 = 32; 38 − 24 = 14; 72 − 45 = 27; 83 − 37 = 46; 72 − 69 = 3; 100 − 73 = 27

c) 55 + 27 = 82; 62 + 38 = 100; 19 + 45 = 64; 83 − 41 = 42; 32 − 28 = 4; 74 − 59 = 15

Basiswissen: Malnehmen

① Finde beide Malaufgaben.

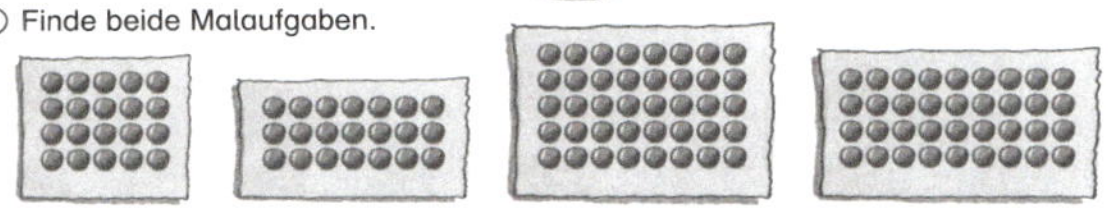

4 · 5 = 20	3 · 7 = 21	5 · 8 = 40	4 · 9 = 36
5 · 4 = 20	7 · 3 = 21	8 · 5 = 40	9 · 4 = 36

② Rechne die Kernaufgaben.

2	3	5	7
1 · 2 = 2	1 · 3 = 3	1 · 5 = 5	1 · 7 = 7
2 · 2 = 4	2 · 3 = 6	2 · 5 = 10	2 · 7 = 14
5 · 2 = 10	3 · 3 = 9	5 · 5 = 25	5 · 7 = 35
10 · 2 = 20	5 · 3 = 15	10 · 5 = 50	7 · 7 = 49
	10 · 3 = 30		10 · 7 = 70

4	6	8	9
1 · 4 = 4	1 · 6 = 6	1 · 8 = 8	1 · 9 = 9
2 · 4 = 8	2 · 6 = 12	2 · 8 = 16	2 · 9 = 18
4 · 4 = 16	5 · 6 = 30	5 · 8 = 40	5 · 9 = 45
5 · 4 = 20	6 · 6 = 36	8 · 8 = 64	9 · 9 = 81
10 · 4 = 40	10 · 6 = 60	10 · 8 = 80	10 · 9 = 90

③ Malaufgaben aus Kernaufgaben zusammenbauen.

7 · 6 = 42
1 · 6 = 6 | 6 · 6 = 36

3 · 9 = 27
1 · 9 = 9 | 2 · 9 = 18

9 · 7 = 63
7 · 7 = 49 | 2 · 7 = 14

7 · 3 = 21
5 · 3 = 15 | 2 · 3 = 6

9 · 4 = 36
5 · 4 = 20 | 4 · 4 = 16

7 · 8 = 56
2 · 8 = 16 | 5 · 8 = 40

④ Rechne zuerst die Kernaufgabe.

5 · 3 = 15	8 · 4 = 32	10 · 9 = 90	7 · 8 = 56
6 · 3 = 18	9 · 4 = 36	9 · 9 = 81	8 · 8 = 64
7 · 3 = 21	10 · 4 = 40	9 · 8 = 72	9 · 8 = 72

Basiswissen: Teilen

① Verteile und rechne.

15 : 3 = 5 16 : 4 = 4 18 : 3 = 6

②

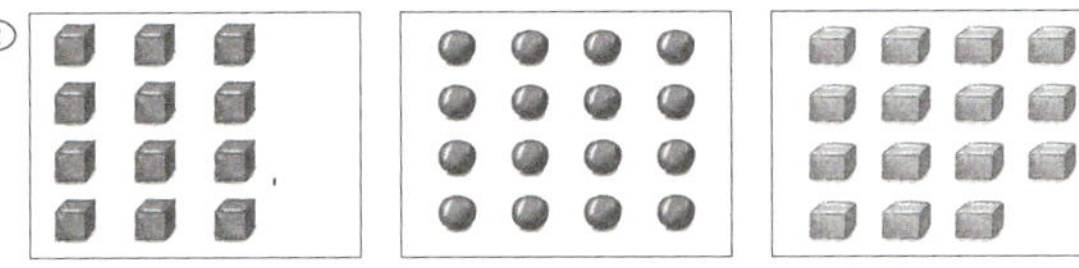

12 : 4 = 3 16 : 4 = 4 15 : 4 = 3 R 3
3 · 4 = 12 4 · 4 = 16 3 · 4 + 3 = 15

③ Teilen – die Malaufgabe hilft.

42 : 7 = 6	36 : 6 = 6	35 : 5 = 7
7 · 6 = 42	6 · 6 = 36	7 · 5 = 35
40 : 8 = 5	45 : 5 = 9	49 : 7 = 7
8 · 5 = 40	9 · 5 = 45	7 · 7 = 49

④ Schreibe die Rechnungen auf.

Wie viele 6er-Gruppen können gebildet werden? 24 : 6 = 4

Wie viele Bilder kannst du aufhängen? 20 : 4 = 5

Wie viele Sticker bekommt jedes Kind? 12 : 6 = 2

Basiswissen: Geld und Uhrzeit

① Mit welchen Münzen und Scheinen kannst du diese Beträge legen?

3 Euro:
2€ 1€
1€ 1€ 50ct 50ct
1€ 50ct 50ct 50ct 50ct

12 Euro:
10€ 2€
5€ 2€ 2€ 2€ 1€
5€ 5€ 1€ 50ct 50ct

② Rechne die Beträge um.

Preis in € mit Komma	1 €	10 ct	1 ct	Preis in € und ct
1,99 €	1	9	9	1 € 99 ct
0,54 €	0	5	4	0 € 54 ct
0,02 €	0	0	2	0 € 2 ct
7,05 €	7	0	5	7 € 5 ct

③ Berechne das Rückgeld.

Preis	gegeben	zurück
8,50 €	10 €	1,50 €
19,80 €	20 €	0,20 €

Preis	gegeben	zurück
12 €	100 €	88 €
44,50 €	50 €	5,50 €

④ Wie spät ist es? Schreibe beide Uhrzeiten auf.

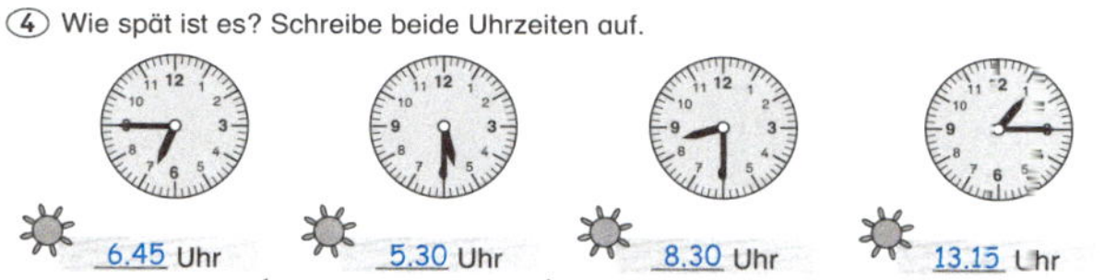

6.45 Uhr	5.30 Uhr	8.30 Uhr	13.15 Uhr
18.45 Uhr	17.30 Uhr	20.30 Uhr	1.15 Uhr

⑤ Wie viele Minuten dauert es bis zur nächsten vollen Stunde?

8.53 Uhr → + 7 min → 9.00 Uhr
18.24 Uhr → + 36 min → 19.00 Uhr
6.29 Uhr → + 31 min → 7.00 Uhr
14.25 Uhr → + 35 min → 15.00 Uhr
11.03 Uhr → + 57 min → 12.00 Uhr
23.58 Uhr → + 2 min → 24.00 Uhr

Basiswissen: Längen

① Schätze und verbinde.

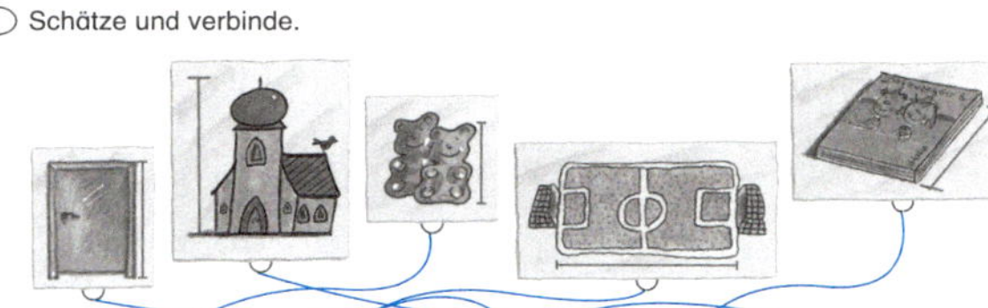

1 cm 100 m 2 m 30 cm 33 m

② Ergänze.

1 m = 40 cm + 60 cm	1 m = 70 cm + 30 cm	1 m = 25 cm + 75 cm
1 m = 49 cm + 51 cm	1 m = 84 cm + 16 cm	1 m = 98 cm + 2 cm

③ Wo befinden sich die Längenangaben am Lineal? Verbinde.

3 cm 4 cm 2 cm 6 cm 14 cm 9 cm

④ Zeichne die Strecken mit dem Lineal.

4 cm
11 cm
13 cm
8 cm
9 cm
6 cm

⑤ Schätze die Länge der Raupe vom Kopf bis zum Schwanzende. Miss mit dem Lineal.

geschätzt	gemessen
___ cm	8 cm

① a)

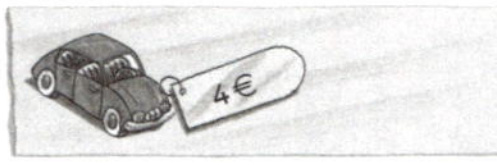

Wie viel kosten 4 Autos? 16 €

Was wäre, wenn ein Auto nur 3 € kosten würde?
Dann kosten 4 Autos 12 €.

b)

Was kostet alles zusammen? 57 €

Was wäre, wenn die Hose 10 € billiger wäre?
Dann kostet alles zusammen 47 €.

c)

Wie viel Euro bekommst du zurück? 32 €

Was wäre, wenn du nur 80 € hättest?
Rückgeld: 12 €

d)

Wie viele Stunden waren die Fahrgäste unterwegs? 5 Stunden

Was wäre, wenn der Zug eine Stunde Verspätung hätte?
Der Zug käme um 14.00 Uhr an.

② Welches Rätsel gehört zu welcher Rechnung? Färbe mit der gleichen Farbe.

① Die Hälfte meiner Zahl heißt 20.

③ Wenn ich 17 von meiner Zahl abziehe, erhalte ich 35.

② Ich zähle 17 zu meiner Zahl dazu, ziehe dann 5 ab und erhalte 35.

④ Wenn ich zum Doppelten meiner Zahl 10 dazuzähle, erhalte ich 24.

③ 52 → (− 17) → 35

① 40 → (: 2) → 20

② 23 → (+ 17) → 40 → (− 5) → 35

④ 7 → (· 2) → 14 → (+ 10) → 24

① Aus welchen Körpern sind die Bauwerke gebaut?
Trage in die Tabelle ein.

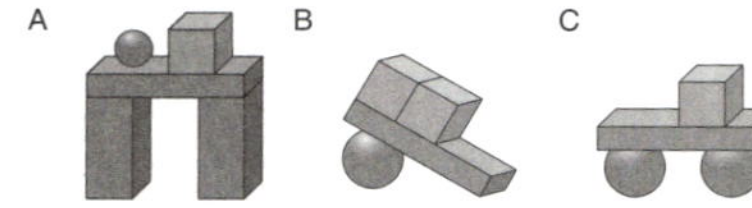

	Kugel	Würfel	Quader
A	1	1	3
B	1	2	1
C	2	1	1

② Aus wie vielen Würfeln bestehen diese Würfelgebäude?

11 Würfel — 16 Würfel — 14 Würfel

③ Welche Kamera hat welches Foto gemacht?
Trage ein.

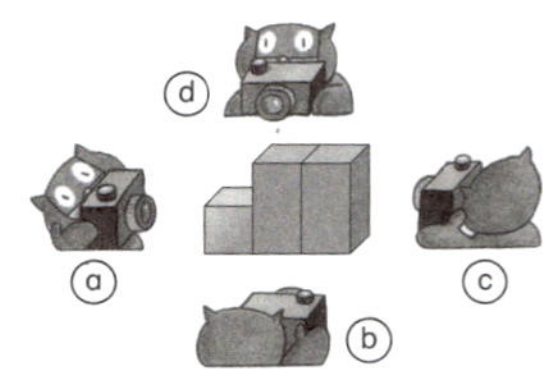

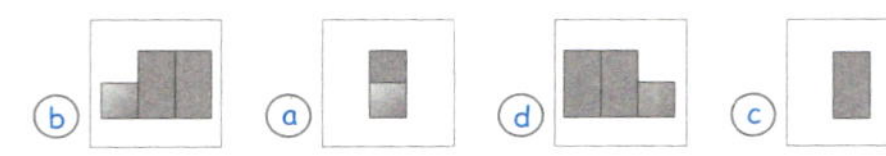

④ Setze die Muster fort.

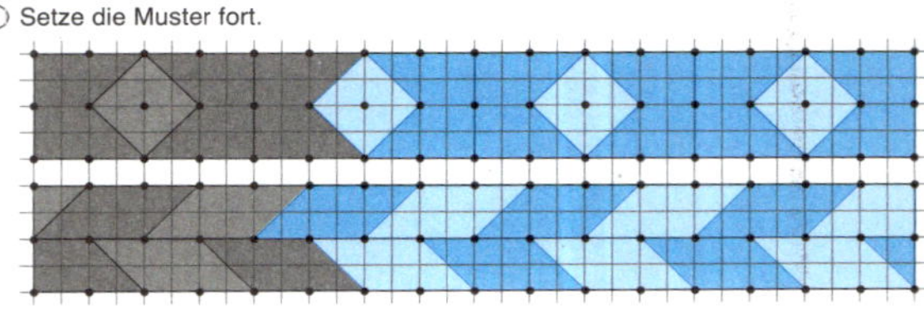

① Umfrage: Mein Lieblingsgericht
Die Schüler einer Grundschule wurden zu ihrem Lieblingsessen befragt.
Hier ist das Ergebnis:

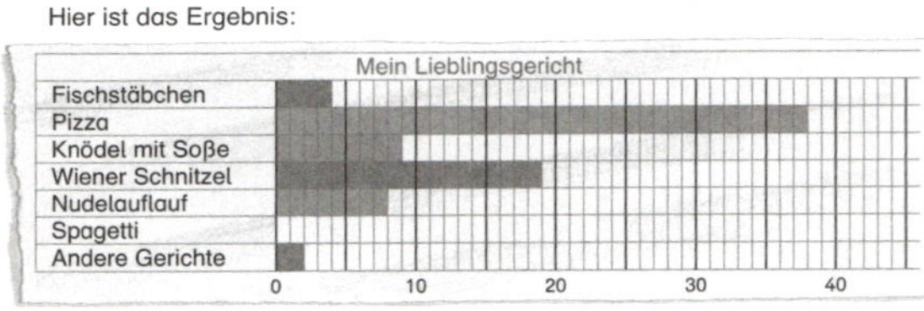

a) Lies das Schaubild genau, rechne und ergänze.
Wie viele Kinder wurden insgesamt befragt?

4 + 38 + 9 + 19 + 8 + 25 + 2 = 105

105 Kinder nahmen an der Umfrage teil.

Nenne das Lieblingsgericht der meisten Kinder: Pizza

Wie heißen die drei beliebtesten Gerichte?

Pizza, Spagetti, Wiener Schnitzel

b) Welche Aussagen stimmen? Kreuze an: ☒.

☒ Wiener Schnitzel wurde seltener als Lieblingsgericht genannt als Pizza.

☐ Nudelauflauf wurde häufig genannt.

☒ Weniger Kinder nannten Fischstäbchen als Knödel mit Soße.

☒ Mehr als die Hälfte aller Kinder haben als Lieblingsgericht Pizza oder Spagetti angegeben.

② Umfrage: Lieblingsnachspeise
72 Kinder wurden nach ihrer Lieblingsnachspeise befragt.
Erstelle ein Schaubild.

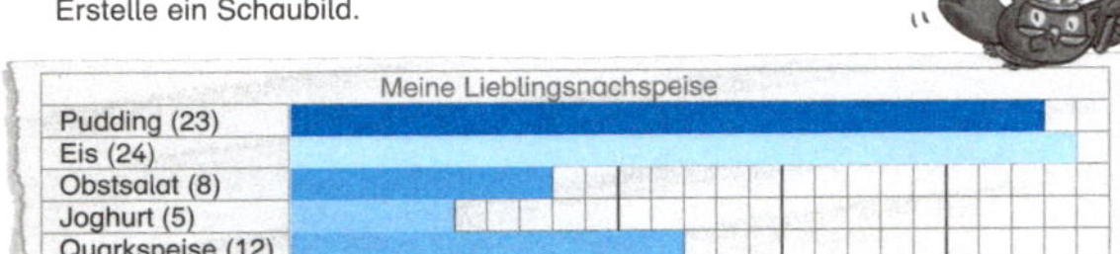